CONAN COMIC STUDY SERIES

名侦探柯南的科学之旅

DETECTIVE CONAN

星星与星座的秘密

刚昌

工房

房)

黑龙江少年儿童出版社

致各位读者

让我们跟着柯南一起学习科学知识吧！

Galileo 工房 理事长 泷川洋二

各位读者，大家好！

下面我们要和柯南一起，开始一场科学之旅啦！

在《名侦探柯南的科学之旅·星星与星座的秘密》这本书中，柯南会带着大家一起学习一些基础的天文学知识。

夜空中犹如宝石般闪烁的星星是大自然送给我们的礼物。虽然不是所有喜爱天文学的人都能从事相关的职业，但还是有许多人关心天文学的发展状况。

人类对星星和宇宙的观测技术可以说是日新月异的，现在我们不仅能够用天文望远镜观察星空，还可以通过人造卫星观察星星的模样。本书除了介绍最基础的宇宙知识，也介绍了一些前沿的科技知识，相信大家在读完本书之后一定可以了解许多连大人都不知道的事情。

在学习的过程中，拥有求知欲是非常重要的。而阅读本书，可以激发孩子的求知欲。

好了，大家都准备好了吗？现在让我们和柯南一起出发，在冒险中学习科学知识吧！

Galileo 工房

Galileo 工房是一个由日本的小学、初中、高中的理科老师与热爱科学的市民们所组成的团体。

目录

CONAN COMIC STUDY SERIES

名侦探柯南的科学之旅

星星与星座的秘密

星星与星座单元1

星星与星座单元2

档案 FILE 1

诸神之争

柯南一行受邀去观赏一部以星座神话为主题的舞台剧《十二星座物语》，没想到却在众目睽睽下发生了……

可是由我最爱的北斗先生主演呢！
挑战希腊神话！
天狼星剧团
我们一起去嘛，好不好？
好啦。
十二星座物语 秋
干吗让我也来……
难得有机会可以看剧团彩排。
铃木财团也是投资者之一吧？
这不是园子小姐吗？
好久不见，我今天是带朋友和她的家人来观看的。
你好。
我是这里的负责人田所。

现在演员们正在休息，马上就要开始彩排了。
这里是演员休息室吗？
是啊，门上贴的图片与演员们喜欢的希腊神话有关。
这只长相诡异的狗是……
那是刻耳柏洛斯，
是希腊神话中负责看守地狱大门的神犬。
你是宫田先生吧？
是的，我在饰演猎人俄里翁的同时，还担任旁白，请多多指教。
宫田先生对希腊神话造诣颇高，在这部舞台剧中也担任编辑和导演工作。
真是多才多艺。

他不过是爱出风头罢了。
哎呀，是间宫丽华小姐！本人果然很美啊！
一个演员何必去身兼导演？
啪
我好像破坏了女神的心情呢！
我觉得比起女神，她更像是女王。
别这么说嘛。
北斗先生！
马上就要正式演出了，丽华小姐难免会紧张。她可是一个完美主义者。
迷住

其实她私下很努力，
甚至为了这部舞台剧她特地去听了昴的希腊神话讲座呢。
说的也是……
啪
……
请问，您是昴小姐吗？
是的。
小兰姐姐，你认识她？
我在电视上看过她的节目。
啪
昴小姐是我们请来监制舞台演出的。
她的话可真少。
时间差不多了，我们先去练习室吧。
天狼星剧团
十二星座物语

这道具可真精致呀。
听说是由机械来控制的。
想过去就先杀了我吧，赫拉克勒斯！
唔……
嗖
砰
箭会不会射伤人啊……
不要紧啦，这是常见的魔术手法。
魔术？

当赫拉克勒斯松开手时，他手上那把弓里面的弹簧就会自动把箭给收进去。
同时，对方藏在腿上的箭也会弹出来。
我想弓箭里面应该藏了机关，用来控制对方腿上的箭吧。
你怎么会知道这些事情？
这个……是在电视上看到的。
夜空中的星星是神赐给我们的指南针，
星座之神一定会在归途中保佑各位的。
……

啪啪
很好！正式演出时也拜托大家能有这么精彩的表现！
丽华小姐，有空的话……
丽华小姐？
啊……怎么了？
今晚有空赏个光和我一起吃饭吗？
下次吧。
星哉，没事的话到我家吃完饭再回去吧。
我明明说过，你追不到丽华小姐的……

昴小姐，不知我能否尝尝你亲手……
再说吧。
果然……
怎么了？
其实我听说过星哉先生跟丽华小姐正在交往的传言。
咦？
可是昴小姐却总是追着星哉先生不放，
北斗先生又单恋昴小姐。
须藤星哉
间宫丽华
天宫昴
宫田崇人
大贯北斗
另外，宫田先生和丽华小姐原本是夫妻呢。

砰
呜哇！
爸爸！
真是的！
因为这把弓的构造很有趣，所以……
热烈鼓掌
第一幕
不过我还是愿意相信人类！
聚精会神
愚蠢的人类啊！
善恶的天平如今依然倾向罪恶的一方……

直到人类能够让天平倾向善良为止。
我将成为天上的星辰。
第二幕
唔—
天神算什么！
天底下没有什么可以吓倒我俄里翁的！
呼呼—
居然会被这渺小的蝎子给……
为，为什么……
我俄里翁……

呜……
抚摸
我愚蠢的爱人啊，
和我一起前往星之世界吧。
中场休息
20分钟。
丽华小姐的演技真棒！
嗯。
嗯！
东张西望
找到了！小兰，我们去那里！
嗯。
?

天宫昴的星座占卜
说到星座就会想到星座占卜！
而星座占卜的话当然要占卜恋爱运啦！
小兰，你老公是什么星座？
我什么时候有老公了！
我先回叔叔那边去了。
叔叔在……找到了。
星酒吧
这杯酒就是河鼓二。
哦——是用星星的名字为酒命名啊？

这里也提供无酒精的鸡尾酒。
无酒精
☆参宿四
☆柳橙汁
☆葡萄柚汁
☆角宿一
☆芒果汁
☆柠檬汁
☆心宿二
☆草莓汁
☆蓝莓汁
该回去了。
第三幕
喀戎大人！
赫拉克勒斯开始残杀人马族了！
赫拉克勒斯！
要是你想继续伤害我的同伴，
那就先杀了我吧！

喀戎，我无法下手杀你……
！
怎么会……为什么？
跟彩排的时候不一样！
柯南！
后台——
星，星哉！

可恶，箭射得太深了……快叫救护车！
还有警察——
负责人，不要让任何人离开剧场。
好的。
你们是来干什么的！
啊……难道你是沉睡的小五郎？
没错，我就是名侦探毛利小五郎。
！
星哉小的时候有哮喘……
……

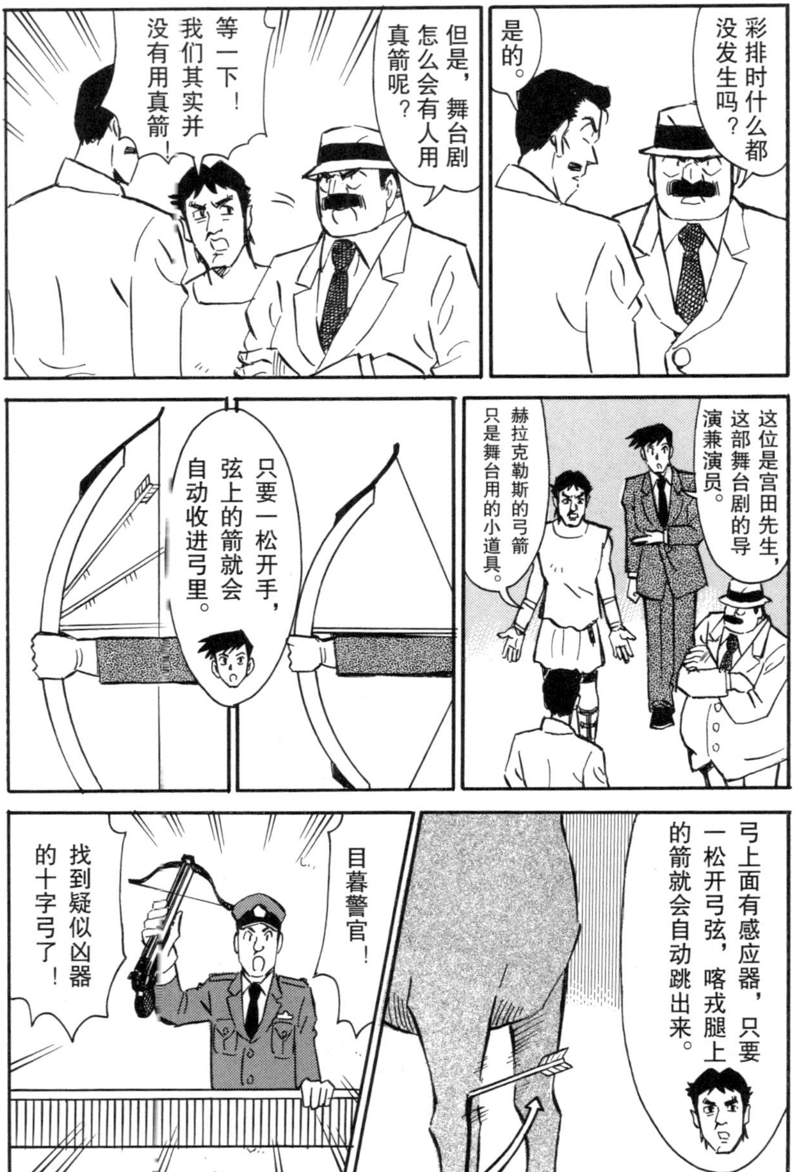
彩排时什么都没发生吗？
是的。
但是，舞台剧怎么会有人用真箭呢？
等一下！我们其实并没有用真箭！
这位是宫田先生，这部舞台剧的导演兼演员。
赫拉克勒斯的弓箭只是舞台用的小道具。
只要一松开手，弦上的箭就会自动收进弓里。
弓上面有感应器，只要一松开弓弦，喀戎腿上的箭就会自动跳出来。
目暮警官！
找到疑似凶器的十字弓了！

也就是说，嫌疑人配合舞台上的演出，用十字弓袭击了被害人。
从什么地方可以到那里？
可以走后台或休息室。
可是，没有人从后台去那里啊。
所以，可疑的是休息室？
案发时都有谁待在休息室里？
我和丽华。
我也待在自己的休息室里。
这位是天宫昴小姐。
各位可以证明自己没有离开过休息室吗？
……
……
……
可是，我根本没有袭击星哉的理由啊！
搞不好是由爱生恨吧？

你说什么？
你不是想请星哉到家里吃饭吗？可是他却只顾缠着我……
如此说来，你也有嫌疑，因为你嫌星哉太缠人……
两位，先别吵了。
装什么好人？
你不是也对一直缠着自己前妻的星哉看不顺眼吗？
你自己还不是因为昴小姐对你不屑一顾，对星哉嫉妒得要命。
！
……
……
……
……
这个剧场里的人相互之间的关系到底有多复杂啊……

哇！
砰
没事吧，柯南？
这张道具弓居然可以当成普通的弓来用。
不要乱碰现场的证物！
咣
好痛……有什么关系，我戴着手套呢。
也就是说，箭也有可能是大贯先生用这张弓射出去的。
目暮警官！
须藤先生的伤势似乎没有大碍。
哦，太好了。
不过，射中须藤先生的箭上面写着一小段话。
上面写了什么？

上面写着『丘比特的箭会制裁一切虚伪的爱』。
刑警先生，毛利叔叔要我问你……
我问问看。
一切谜底都揭开了，目暮警官。
真相就是……
间宫丽华小姐，凶手就是你！
咦？
你休息室门上的丘比特图案就是最好的证据！
而你的动机就是『制裁虚伪的爱』，也就是说……

你无法原谅星哉先生一直对你示爱——
却又跑到昴小姐家里吃饭的行为。
……
别开玩笑了，你有什么证据？
不是……这个嘛……
还有，我休息室门上的那个图案根本就不是丘比特！
咦？
嗖！
哎哟！
坐下

其实我想说的是，凶手有可能打算把罪行嫁祸给丽华小姐。
咦？
对一般人来说，是很难区分希腊神话和罗马神话的。
例如，罗马神话里叫作维纳斯的神灵在希腊神话里却叫作阿佛洛狄忒。
你这是什么意思？毛利老弟！
我的意思是，虽然罗马神话里的爱神叫作丘比特，
但在希腊神话里，爱神的名字应该是厄洛斯才对。
罗马神话
丘比特
希腊神话
厄洛斯
这部舞台剧是以希腊神话为模板，
所以说，不可能会出现丘比特。
也就是说，对希腊神话很有造诣的导演宫田先生、
曾经钻研过希腊神话的丽华小姐，

以及占星师昴小姐。
这三个人是绝对不可能搞错这一点的。
所以说……
会做这件事的，除了你以外没有其他人了，大贯北斗先生！
开什么玩笑！
只因为我不懂希腊神话就把我当成凶手?!
再说凶器上有我的指纹吗？
刑警先生，结果怎么样？
我打电话问过，
经过鉴定凶器上没有指纹！
看吧！
凶器上之所以没有指纹，
是因为你在上前查看星哉先生的伤势时已经用手帕把指纹擦掉了。

你们闹够了吧！
我在舞台上拿的确实是道具弓！
那可就奇怪了。
哪里奇怪？
这样的话，道具弓上不可能找不到你的指纹啊。
其实我在你们排练完之后不小心把水洒到了道具弓上，
当时用手帕把道具弓擦干的正是我女儿。
所以，如果说你在舞台上拿的是道具弓，
那么弓上应该会有你的指纹才对。
既然没有出现你的指纹的话，
那就说明你在舞台上拿的并不是道具弓。

他说的是真的吗？
……
跪下
你为什么要这么做？
我没办法原谅那家伙。明明昴小姐对他那么好，
可是他不但一直缠着丽华小姐，
甚至还当着昂小姐的面，
叫她『快点儿去找个好男人』……
这又有什么关系呢？

因为昴小姐，
是星哉先生的姐姐啊。
什么？
星哉确实是我的弟弟没错。
我们没有公开过，你是怎么知道的？
我在星哉先生被搬上救护车的时候，听到昴小姐对医护人员说明星哉先生的旧疾，我就是凭着这一点判断的。
这么说，星哉在昴小姐家里吃饭的事……
只不过是姐姐招待弟弟到家里吃饭而已。
可是昴小姐，你不是一直劝星哉放弃丽华小姐吗？
那是因为我知道他没有希望，所以才给他忠告。

毕竟丽华小姐到现在还爱着宫田先生啊。
你在说什么？
隐瞒也没有用啊。宫田先生跟丽华小姐——
过去虽然为了追求更高超的演技而分手，
不过占星术告诉我，两人相爱的命运是不会改变的。
看来我在那伪装用的十字弓，
也是白费工夫了……
早上的占星专栏说今天『宜实施计划』，所以我还以为能成功……

占星术可以用来给人们的生活增添乐趣，
但不是用来帮助人们做坏事的。
北斗先生！
北斗七星在夜晚能为人们指引方向……
我希望你能够好好赎罪，重新成为光辉耀眼的『北斗』。
……
毛利侦探事
真没想到！
丽华小姐与宫田先生居然再婚了。

啊。
亏我还那么喜欢北斗，
没想到他居然会被占星术左右自己的人生……
嗯？
难道说……
小兰！你有巧克力吗？巧克力！
有是有，你要做什么？
巧克力是我今天的幸运物！
恋情会实现？
欢呼雀跃
我看你也被占星术左右得很开心嘛。

星座是夜空中的地图！

天气晴朗的夜晚，不妨试着抬头看看星空吧！

星座的起源

公元前 5000 年左右，住在巴比伦尼亚的迦勒底牧羊人必须整晚看守羊群，闲暇之余，他们就将夜空中的星星按照动物与工具的外形分成许多组，这就是星座的由来。不只是在巴比伦尼亚，在其他国家或地区也有不少人喜欢把天上的星星联想成各种自己喜欢的东西。古希腊人还从星座中联想出许多神话。

后来，越来越多的人加入“星座创作”的行列，甚至还有天文学家用资助自己进行研究的人的名字给星座命名，导致大家渐渐分不清楚哪颗星星是属于哪个星座了。

1928 年，国际天文学联合会为了统一星座划分，便用精确的边界把天空分为 88 个星座，而且每颗恒星都属于某一个特定星座。自此之后，世人眼中的星座才有了统一的名称和形态。

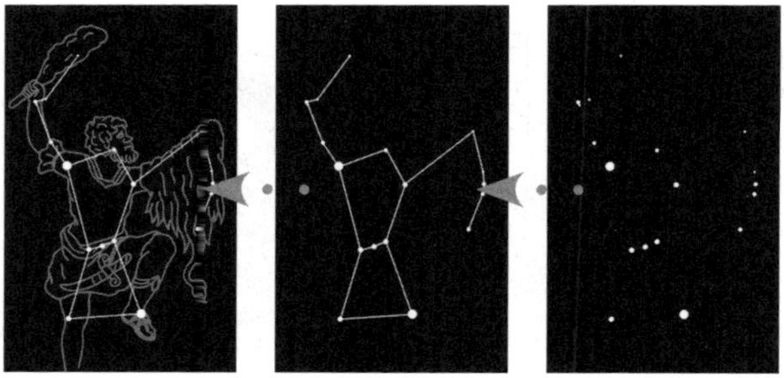

将夜空中的星星用线连出力大无穷的猎人俄里翁的外形，就是我们平常看到的猎户星座。

从星座中可以看出什么

古人会根据星座的位置和动向来判断季节、时间、方位的变化，所以对他们来说，星座是生活中不可或缺的一部分。当然，星座现在也一样具有日历、时钟与指南针的功用。

①可以看出季节的变化

由于地球公转一周需要一年的时间，所以每个季节能看到的星座也不同。

②可以看出时间的变化

星座会随着时间的流逝而改变位置，凭这一点我们就能通过星座计算出现在的时间。

③可以判断方位

只要知道“北极星的方向就是正北方”这个知识点，就能轻松地根据星座的位置来判断该往哪里走。

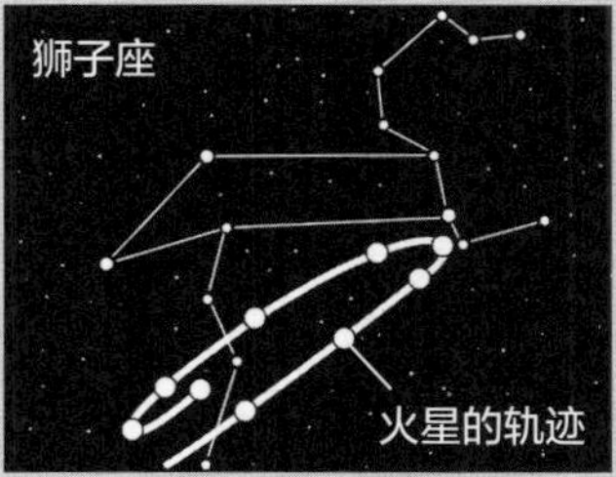

行星的运动轨迹没有规律可循，因此在日文中也叫作“惑星”（迷惑人的星星）。

无法归属于星座中的星星——行星

迦勒底人很早就发现有五颗星星不随星座一起移动，并且称它们为“年迈的老羊”。而这五颗星星就是现在我们所知道的太阳系中的五颗行星（水星、金星、火星、木星、土星）。

春季大曲线

在观察春季星座的时候，要先找到大熊座中拥有“勺子”外形的北斗七星。找到北斗七星之后，沿着“勺柄”画一条曲线，就能找到一颗泛着红光、位于牧夫座的大角星。继续将曲线延伸下去，还能找到散发出青白色光芒、位于室女座的角宿一。由这几颗星星连成的曲线就叫作“春季大曲线”，我们来看看这条曲线上还有什么星座吧。

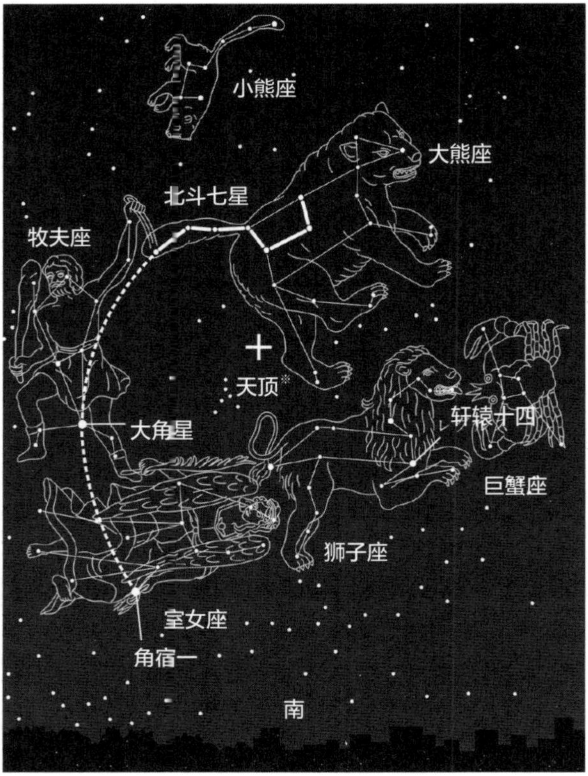

※“天顶”是指“观测者正上方的夜空”。

春季的夜空

试着抬头看看春季的夜空吧！

狮子座流星雨

每年11月14日至21日左右的深夜到清晨，狮子座附近会有大量的流星落下，这就是狮子座流星雨。狮子座流星雨平均每33至34年会出现一次高峰期，下一次高峰期预计在2034年出现。

巨蟹座

希腊神话中的英雄赫拉克勒斯为了赎罪，曾请求当时的国王赋予他十二项任务，其中一项任务就是除掉九头蛇怪海德拉。传说，因为憎恨赫拉克勒斯，天后赫拉趁他在力战海德拉时，派出巨蟹来帮助海德拉，但是却都被赫拉克勒斯给打败了。赫拉因为可怜这只巨蟹，所以把它变成了星座。

轩辕十四

轩辕十四的拉丁文名称为“Regulus”，有“小国王”之意，位于狮子座的心脏部位和太阳运行轨道重叠的这颗星星自古以来就被视为“王者之星”，时常被用来占卜国王的命运。

狮子座

英雄赫拉克勒斯被赋予的另一项任务是除掉住在墨涅亚大森林里的巨狮，并将它身上的毛皮带回王城。这只狮子拥有一身刀枪不入的皮毛，据说赫拉克勒斯最后是用双手将它击倒的。众神之王宙斯为了纪念赫拉克勒斯为民除害的功绩，将巨狮的尸体升上天空，成了狮子座。

角宿一

角宿一是室女座中最明亮的一颗星星。它的英文名“Spica”有“麦穗”与“带刺物体”之意。此外，这个词同时也是鞋钉 (Spike) 的词源。

室女座

传说正义女神狄刻为了教导人类弃恶从善而与人类住在一起。但是得到了武器的人类变得更加好战，狄刻只好伤心地回到天上，变成了室女座。另外，室女座的来源除了与正义女神狄刻有关，其实还有许多种说法。

夏季大三角

仰望夏季夜空的时候，大家不妨试着找找其中最亮的三颗星——天琴座的织女一、天鹰座的河鼓二和天鹅座的天津四。我们将这三颗星所连成的三角形称为“夏季大三角”，它也是夏季夜空中最明显的标志。

自古以来，我们一直都把织女一与河鼓二这两颗星星称为“织女星”与“牛郎星”，而隔在这两颗星星之间的光带就是银河。由于银河的亮度较低，所以在光污染较严重的地方可能看不见它的踪影。

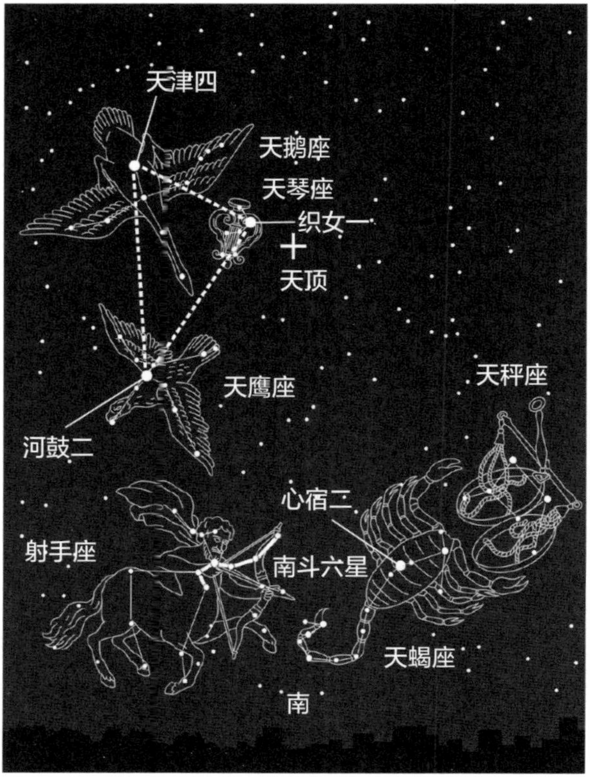

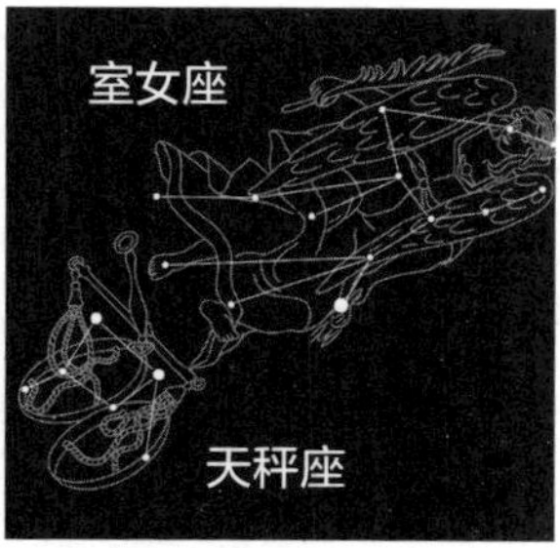

能够判定人类善恶的天秤座就在室女座的脚边。

天秤座

传说宙斯为了纪念正义女神忒弥斯与海神波塞冬和好如初，把随身携带的秤往天上一抛，秤后来化为了天秤座。如果能在夜空中找到位于天蝎座的心宿二，那么只要再往右上方看就能看见天秤座了。如果再往右上方看，还可以找到室女座。

心宿二

位于天蝎座的背部，不断闪着红色光芒的心宿二，在古希腊时代被称为“火星的敌手”，也许是因为二者都发红光，看起来就像在竞争谁比较火红。

天蝎座

传说猎人俄里翁因为宣称“不怕神”而触怒众神，最后被天后赫拉派出的毒蝎刺死。这只毒蝎升到天上后成了天蝎座。因为俄里翁是被毒蝎刺死的，所以在能够看见天蝎座的夏季，我们是绝对看不见猎户座的。

南斗六星

与春季夜空中的北斗七星看起来很相似，位于射手座的这六颗连起来像勺子的星星被称为“南斗六星”。

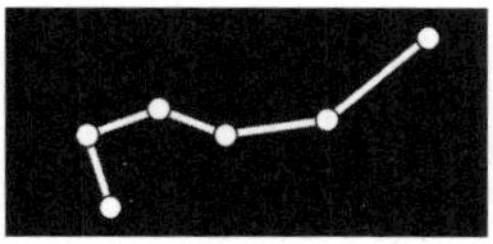

射手座

射手是希腊神话中的喀戎，他具有半人半马的形态，是著名的先知、医生和学者。传说天神宙斯对喀戎的死感到相当惋惜，所以才让他化身为夜空中的射手座。“射手”代表“擅长弓术者”，而这个名字就来自于喀戎举弓射击时的形态。

秋季大四角

观察秋季夜空的时候，可以从仙后座开始找起。仙后座就是北方那五颗特别明亮，连成“W”形的星星。然后，从“W”形最中间的那颗星往下看，会发现飞马座里有四颗特别亮的星星。由这四颗星所连成的“秋季大四角”，就是秋季夜空中最明显的标志。

秋季夜空中明亮的星星并不多，但在台风过后，天空会变得比较清澈，这种天气特别适合观察星空。

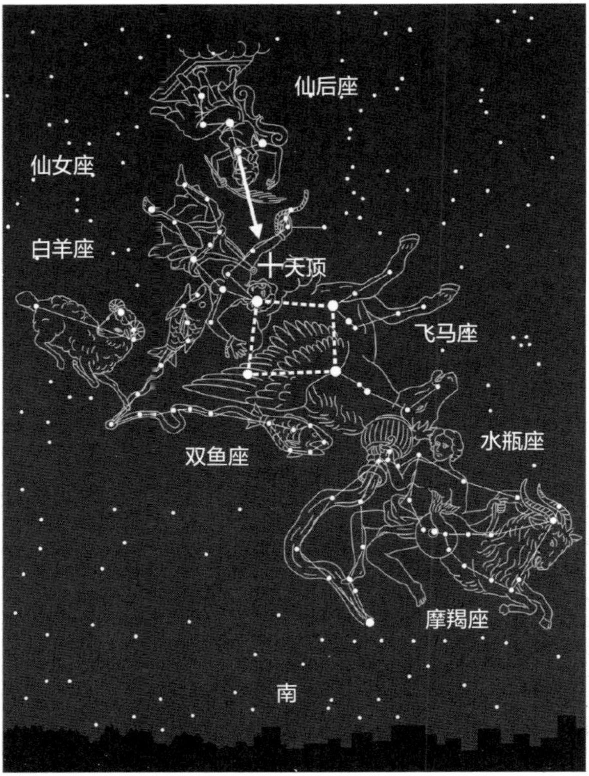

秋季的夜空

长夜漫漫的秋季，花点儿时间仔细观察星空也是不错的选择！

仙女座星系

仙女座星系又名仙女座大星云，在东北方向的天空中看起来像是纺锤状的椭圆形光斑，是肉眼可见的最遥远的天体之一。

仙后座

埃塞俄比亚的王妃卡西奥帕亚因为自称“比海神的女儿们还要美丽”而激怒了海神，所以海神将她绑在椅子上，并罚她变成星座，永远在天上转个不停。

摩羯座

传说中，上半身是人、下半身是羊的牧神潘恩跟众神在河边举办宴会时遇上了怪兽来袭，众神纷纷变成动物逃跑，慌张的潘恩纵身跳入水中，变成了上半身是羊、下半身是鱼的奇怪模样，所以摩羯座才变成了这个样子。

水瓶座

在希腊神话中，众神之王宙斯被特洛伊王子举世无双的容貌所吸引，便化身成一只巨大的老鹰，将王子掳回了天界。被掳回天界的王子后来担任给宙斯倒酒的工作，我们看到的水瓶座，就是特洛伊王子手持酒瓶的样子。

双鱼座

传说是阿佛洛狄忒和她的儿子厄洛斯为了逃避提丰的攻击，变成了两条鱼从河里逃走了。据说这两条鱼尾巴上的缎带，是他们为了不在逃亡路上走散而绑上去的。后来，阿佛洛狄忒与儿子厄洛斯绑在一起的双鱼造型就变成了双鱼座。

冬季大三角

观察冬季夜空的时候，首先可以从猎户座开始找起。由猎户座肩上的红色星星参宿四、小犬座上的南河三与大犬座上的天狼星所连成的巨大三角形就叫作“冬季大三角”它是冬季夜空中最明显的标志。

冬天是非常适合进行天体观测的季节。闲暇时不妨穿得暖和些，和家人一起出去观测星空吧！

猎户座

中间的三颗星星就是猎人俄里翁的腰带。

毕宿五

毕宿五的英文名称是“Aldebaran”，源自阿拉伯语“跟随者”之意，由于这颗星星总是追着昴宿星团跑，所以古人才给它取了这个名字。

卡斯托尔与波鲁克斯

哥哥卡斯托尔其实是六颗星星重叠在一起的六合星；而弟弟波鲁克斯则拥有双子座中最明亮的一颗星星。

白羊座

传说有一对名叫弗里克索斯和赫勒的兄妹一直受到继母的虐待。因为可怜这对兄妹，赫尔墨斯就赐给他们一头长着翅膀的金羊，让他们骑着它逃跑。虽然赫勒在途中不慎坠海而死，不过最后弗里克索斯还是成功地逃到了科尔基斯。后来宙斯将帮助兄妹俩逃跑的金羊升到天上，成了白羊座。

金牛座

传说宙斯在人间游荡，经过某个国家时，见到了这个国家的美丽公主欧罗巴，宙斯被欧罗巴的美貌所吸引，变成了一头公牛将她骗到了位于希腊的克里特岛上。当时宙斯所化身的公牛，也列入天上的群星之中，成了金牛座。

双子座

传说勒达与变身成天鹅的宙斯生下了一对双胞胎儿子，一个叫卡斯托尔，另一个叫波鲁克斯。但是，两人之间却只有继承了神之血的波鲁克斯拥有不死之身，继承了人之血的卡斯托尔战死在了战场上。于是波鲁克斯便对宙斯许愿，希望卡斯托尔能死而复生，最后宙斯将兄弟俩同列天上的群星之中，相互为伴，这就是双子座的由来。

所处方位不同，观测到的星星轨迹也不同

观测者在地球上的位置影响其对观测到的星星运行轨迹的判断。例如，如果我们在北极与赤道之间观察星空，会发现星星是沿着天上的北极点逆时针方向旋转的。由于天空的中心点并不在正上方，而是偏向北方，所以我们在面向南方、东方、西方的时候就会观察到不一样的星星运行轨迹。因此，我们可以依据星星的移动来分辨自己正面向哪个方位。

东 面向东方时，星星从左下方朝右上方逐渐上升。

北 北极星就在北极点附近，面向北方时，我们可以看见星星呈逆时针方向旋转。

西 面向西方时，星星从左上方朝右下方逐渐下沉。

南 面向南方时，星星从东到西呈一道近乎水平的弧线移动。

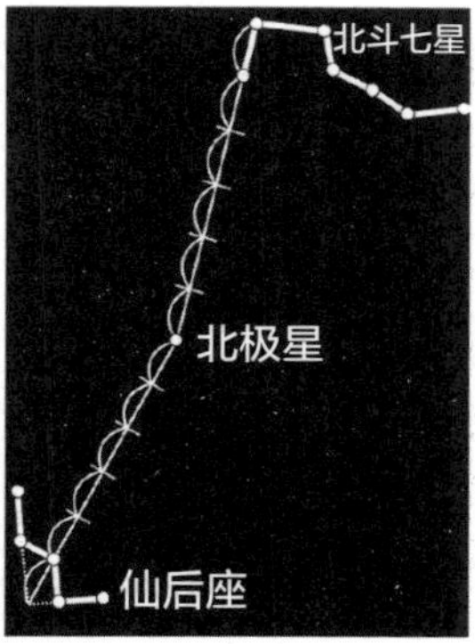

如何寻找北极星?

位于北极点附近的北极星几乎不移动，自古以来都是人们用来判定方位的指针。要找到北极星很简单，只要将北斗七星头两颗星星之间的间隔拉长五倍，在那附近最亮的星星就是北极星。此外，把仙后座的“W”形两端延长，再把交点跟“W”形中央星星的距离拉长五倍也可以找到北极星。

如何寻找天狼星?

夜空中最闪亮的一颗恒星就是天狼星，它被古希腊人命名为“明亮之物”。天狼星在各国的称呼都不同，例如日本过去就称天狼星为“大星”或“青星”。此外，古希腊人也将天狼星在日出前爬出地平线的那天视为一年之始。

星星是航海人的导航员

在指南针发明之前，在没有路标的海上，船员们只能依靠星星来辨别方向。了解星星的运行轨迹对当时的船员来说是必备的知识，他们根据星星的位置就能轻松判断出船头朝向哪个方位。

古人眼中的银河

在没有月光的夜晚观察夜空，就能发现一条横跨天际，看起来像云一般的光带。这条神秘的光带随着古人的口耳相传，最后演变成了各种神话传说，并流传至今。在中国与日本，人们将银河当成天界的河川，并称它为“天河”；古希腊人则将银河看作女神赫拉的乳汁，并为它取了“乳之路”的名字；而北美大陆的原住民，认为银河是迎接亡者去往天堂的道路。

伽利略的发现

四百多年前人类还不知道银河的真面目，之前甚至还有人提出了“或许是因为星光受到地面的火与烟雾影响，所以看起来才像云一样”的假设。后来意大利科学家伽利略·伽利雷用自制的望远镜观测星空，才发现银河原来是由无数星星聚集起来形成的集合体。

银河是我们的故乡

银河是由数百亿至数千亿颗恒星聚集在一起所形成的巨大天体。宇宙中有许多个类似银河的天体，而地球与太阳所在的星系就被称作“银河系”。

实际上，银河是银河系的一部分，因其主体部分投影到天体上的亮带被我国称为银河而得名。我们置身其内环视银河系时所看到的是它布满恒星的圆面。恒星发出的光离我们很远，数量又多，与星际中的尘埃和气体混合在一起，看起来就像一条烟雾笼罩着的光带，十分美丽。

喜鹊每年都会帮牛郎和织女架一次桥，让他们俩能够相见。

七夕的传说

传说天上的仙女织女与牛郎相爱结婚后，男耕女织，生活非常美满幸福。天帝得知此事后，命令王母娘娘押解织女回天庭受审。王母娘娘在追他们的过程中，用头上的金钗在天空中划出了一条银河，把他们分隔在银河两边，并限制他们一年只能相见一次。

日本看不到的星座

日本位于北半球的中部，几乎看不见位于南半球的星座。另外，由于日本的地形属于朝南北延伸的类型，所以越往北，看不见的星座就越多。

在全部 88 种星座当中，有 4 种在日本是无法看见的。超过北纬 35°（本州中部）以北之后，会多出 9 种无法看见的星座；超过北纬 45°（北海道北部）以北之后，会再多出 6 种无法看见的星座。

在日本无法看见的星座

全部的 88 种星座中，在日本肯定看不见的有以下 4 种。

八分仪是一种航海仪器。

蝘蜓座是南天极附近一个暗淡的小型星座。

象征南非桌山的星座。

天燕是生长在东印度群岛巴布亚新几内亚的一种鸟。

南半球的星空

在南半球看到的星空与北半球是截然不同的。与位于北半球的人看不见南半球的星座一样，位于南半球的人也看不见北半球星空中的北极星等星星。因为南半球的星空是以天上的南极点为中心按顺时针旋转，所以在南半球看到的星座与北半球不同。

另外，在南半球看见的银河也比北半球要明亮得多。这是因为在北半球只能看见银河外侧，而在南半球可以看见星星数量较多的银河中心。

超过北纬 35° 以北之后看不见的星座

超过北纬 35° 以北之后看不见的星座有下面 9 种，其中南十字座是 88 种星座中最小的一种。

水蛇座	网罟座
飞鱼座	苍蝇座
圆规座	南三角座
孔雀座	杜鹃座
南十字座	

南十字座所在的部分是银河最亮的一段。

超过北纬 45° 以北之后看不见的星座

超过北纬 45° 以北之后看不见的星座有下面 6 种。

剑鱼座	绘架座
船底座	天坛座
印第安座	时钟座

时钟座最早被修道士拉卡伊命名为摆钟座，用来纪念摆钟的发明人惠更斯。

测量距离的单位是“光年”

离地球最近的恒星太阳，距离地球大约有 1.5 亿千米。虽然我们平常在测量长度时大多数使用“千米”之类的单位，不过要在广阔的宇宙中测量距离的话，这些单位就显得不太够用了。

在宇宙中测量距离的时候，我们必须以“光年”为单位。光年就是指光在宇宙真空中沿直线传播一年所经过的距离，约为 9 兆 4600 亿千米。此外，还有“光分”和“光秒”两种单位，分别是光在真空中一分钟与一秒钟之内所经过的距离。

地球和周边天体的距离

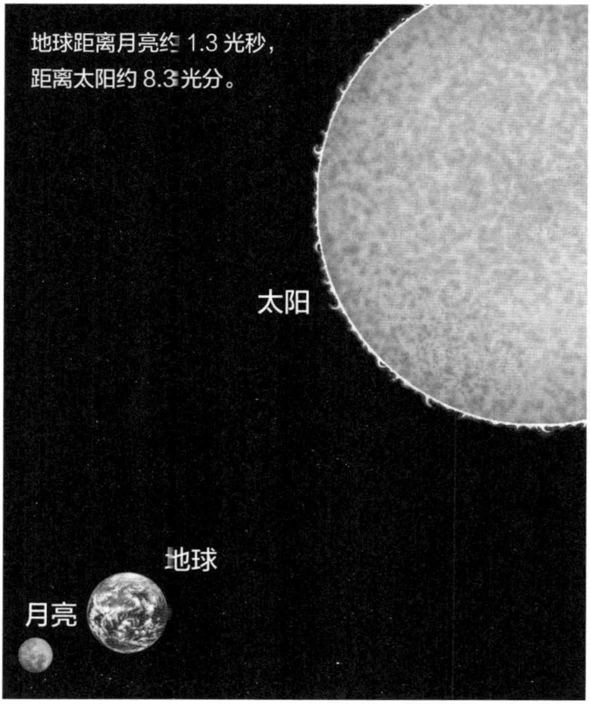

天体观测等于时光旅行

1 光秒的距离大约等于 30 万千米，也就是说光的速度快到可以在 1 秒内绕着地球转 7.5 圈，但是宇宙的辽阔程度却远超光的速度，比如从太阳发出来的光大约 8 分钟才能够到达地球。所以说，我们平常看到的太阳其实是 8 分钟以前的太阳。

这就表示，一颗星星距离地球越远，我们观测到的就是它越久以前的模样。所以，天体观测其实就和时光旅行差不多。现在，科学家们已经成功观察到约 137 亿年前，刚从大爆炸中诞生数分钟的宇宙了。我们也许离解开宇宙诞生之谜的日子不远了。

星座与星星的距离

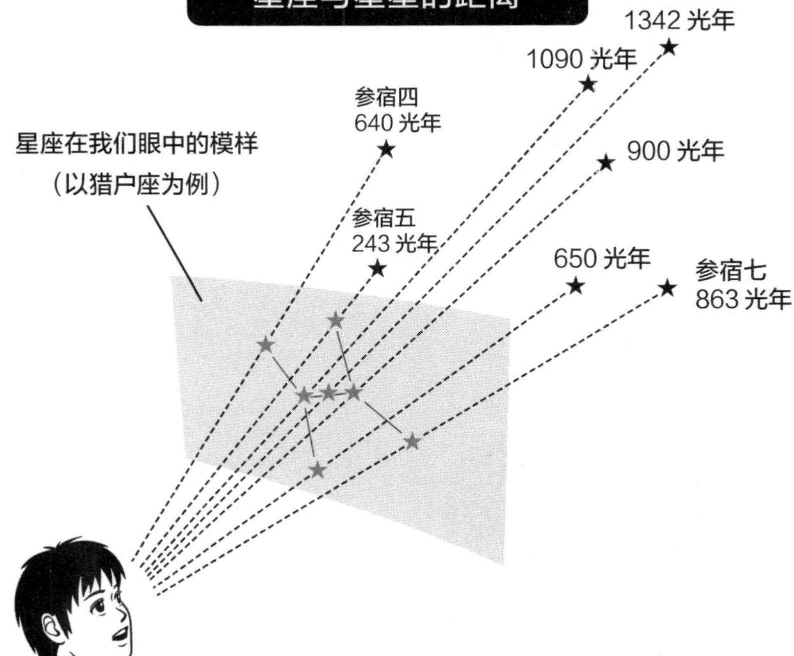

如图所示，同一个星座里每颗星星与地球之间的距离都不相同。

恒星的亮度

我们应该如何判断恒星的亮度？

表示亮度的等级

我们将和太阳一样会自己发出光芒的星星叫作“恒星”，该怎么区别恒星的亮度呢？答案就是：夜空中最亮的恒星为 1 等，而肉眼能观察到最暗的恒星为 6 等，这是古希腊的天文学家喜帕恰斯制定的标准。到了 18 世纪，科学家们发现 6 等星的亮度大约只有 1 等星的百分之一。不过现在我们大多将天琴座的织女一视为 0 等星的标准，其他比织女一更亮的星星，我们就以负数来表示它的等级。

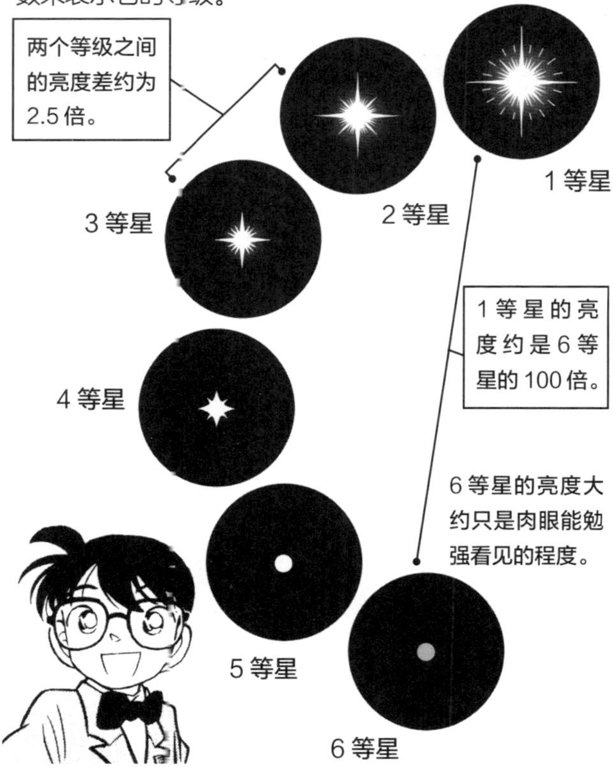

依亮度来测量星星

再明亮的星星，要是距离地球太远的话，在我们的眼中也会变得暗淡。天文学家们在测量星星的亮度时会先假设“所有的星星都距离地球 32.6 光年”，在这个假设下所定出的亮度等级，就叫作“绝对星等”。我们在观察夜空的时候可以发现星光有青白色和红色等不同的颜色，这是因为星星表面的温度不同。发出青白色光芒的星星温度较高，而发出红色光芒的星星温度较低。因为同样颜色的星星绝对星等多半相同，所以只要根据在地球上所观测到的星星的亮度，就能推测出星星与地球之间的距离。

来找找冬季夜空里最亮的星星吧

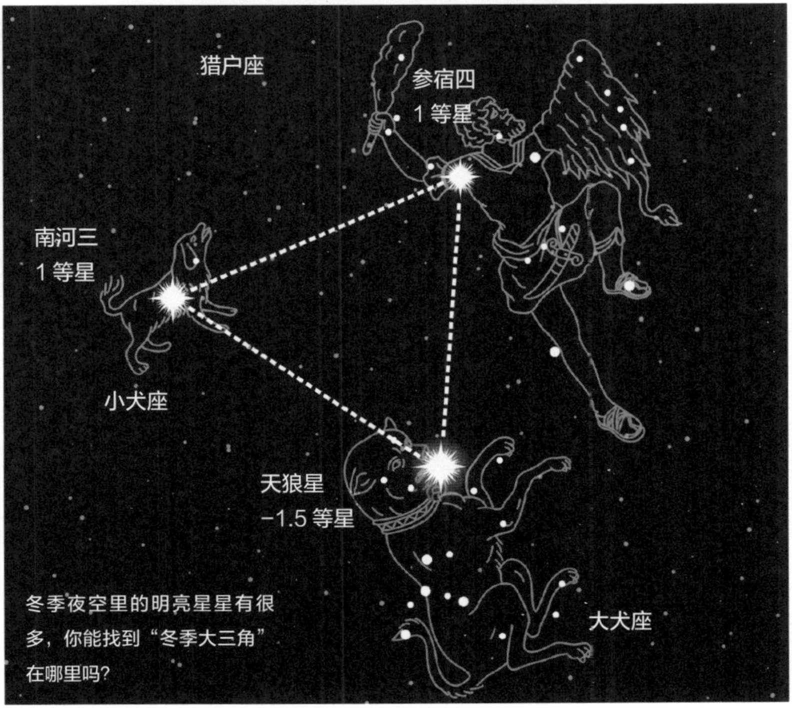

冬季夜空里的明亮星星有很多，你能找到“冬季大三角”在哪里吗？

在天文馆也能看见星空

天象仪的英文为“Planetarium”，和天文馆在英文中是同一个词，因为最初的天文馆中只有天象仪这种设备。随着科技的进步，越来越多的先进仪器出现在了天文馆中。

世界上最先进的星象仪

在天文馆里，我们不仅可以观察到原本肉眼看不见的低亮度星星，还可以看到许多关于宇宙的电影。

被吉尼斯纪录列为“世界最先进的星象仪”的“超级巨星Ⅱ——宇宙”，是由一名叫作大平贵之的日本人研发出来的。

直到1998年大平贵之研发出第一代“超级巨星”之前，一般星象仪只能投射出约3万颗星星。而大平贵之的“超级巨星”居然能够投射出约170万颗星星。

能投射500万颗星星的“超级巨星Ⅱ——宇宙”被安置于日本科学未来馆中。

天象仪的祖先——天球仪

从古至今，人类一直都在研究天体的运动方式，在天象仪没被发明出来之前，人们只能靠着天球仪来了解天象。天球仪是一种用于航海、天文教学和普及天文知识的辅助仪器，人们利用它表述天体的坐标、天体的视运动以及求解一些实用天文问题。

星星的名字来自阿拉伯文

事实上，人类为星星取名时，很多都来自阿拉伯文。比如，毕宿五的英文“Aldebaran”就来自阿拉伯文中的“跟随者”这个词，还有像代表“巨人的腋下”之意的“Betelgeuse（参宿四）”与代表“巨人的左脚”之意的“Rigel（参宿七）”等也都来自阿拉伯文。这些名字背后其实藏着很多历史典故呢。

希腊人和迦勒底人是世界上最早为星星取名的，后来有个名叫克罗狄斯·托勒密的人以希腊人的视角将这些天体的名字记录在《天文学大成》这本书中。

公元 7 世纪左右，《天文学大成》的真本不幸随着罗马帝国的灭亡而失传，只有阿拉伯文版得以流传下来。

在这本阿拉伯文版《天文学大成》中，希腊文版的星星名字全都被翻译成了阿拉伯文；后来欧洲人重新翻译的时候，就把这些星星的名字保留下来了，我们现在所知道的星星的名字就来源于此。

占星术中的星座有哪些？

天文历法的十二星座与占星学中所指的星座在实际意义上是不同的。

2000 多年前希腊的天文学家希巴克斯为标示太阳在黄道上运行的位置，将黄道分成十二个区段，以春分点为 0°，自春分点（即黄道零度）算起，每隔 30° 为一宫，并以当时各宫内所包含的主要星座来命名，依次为白羊宫、金牛宫、双子宫、巨蟹宫、狮子宫、室女宫、天秤宫、天蝎宫、人马宫、摩羯宫、宝瓶宫、双鱼宫，称之为黄道十二宫，总计为十二个星群。

在地球运转到每个等份（星群）时所出生的婴儿，长大后总有若干相似的特征，包括行为特质等。将这些联想串联起来，便使这些星群人性具象化了，又加入神话的色彩，成为文化的重要组成部分。

占星术的历史

古人经常靠占卜来预测旱灾、水灾等自然灾害以及国家的命运等。依靠星星、太阳与月亮等天体的移动来进行占卜的方式就是占星术。据说，占星术是由巴比伦尼亚的迦勒底人发明的，后来随着天文学知识传入埃及、印度、中国等国家，逐渐发展出了各国独具特色的占星术。

黄道与十二星座

太阳的移动路线——也就是黄道可以等分成十二宫，这十二宫的名字分别来自位于黄道上的十二星座。不过，十二宫与十二星座并不是完全相对的。

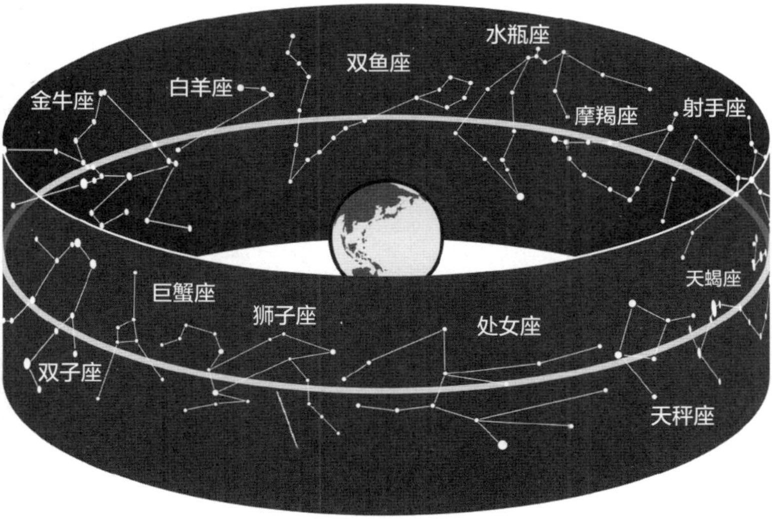

以十二宫为主的占星术，据说是由美索不达米亚人首先使用的。后来，随着希腊星座神话在世界各地流传，使得占星术的人气越来越高，一些杂志还特地为占星术开设专栏。虽然占星术并没有科学依据，不过正如前面漫画中的天宫昴所说，占星术确实是能够为人们的生活增添乐趣。

星星与星座问题 1

柯南要出题来请大家挑战！

你能答对几道呢？

问题 1

在观测星座的时候，可以从星座的移动方式中得知什么？

①季节

②方位

③时间的变化

问题 2

“夏季大三角”中不包含哪颗星星？

①天琴座的织女一

②天鹅座的天津四

③双子座的北河三

④天鹰座的河鼓二

问题 3

“冬季大三角”中不包含哪颗星星？

①猎户座的参宿四

②大犬座的天狼星

③小犬座的南河三

④天蝎座的心宿二

问题 4

在北半球，面向哪个方向时可以看见星星呈逆时针方向旋转？

①东方
②西方
③南方
④北方

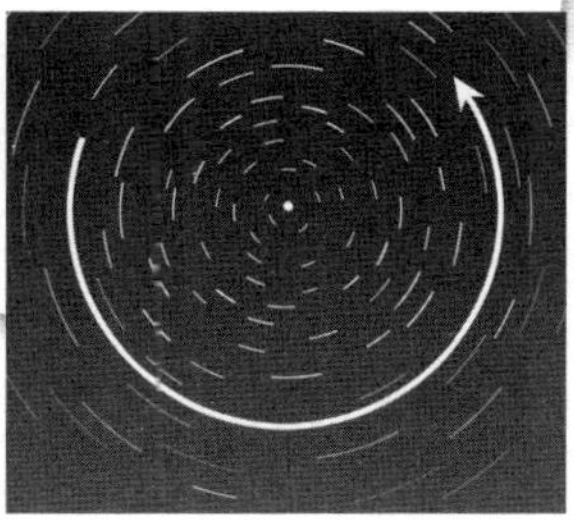

问题 5

我们在夜空中所看到的“银河”的真面目是什么？

①女神流出的乳汁
②亡者去往天堂的道路
③无数星星的集合体

问题 6

恒星的亮度可以区分成许多等级，下列哪一种是最亮的呢？

①1 等星
②6 等星

星星与星座问题 1 的答案

答错的人，请翻回前面，再次阅读相关内容以后继续挑战吧！

答案 1

答案是①②③

古人会借由观测星座来判断季节、方位与时间的变化。答错的人请重新阅读第 36~37 页的内容。

答案 2

答案是③

双子座在冬天才会出现，夏天是看不到的。答错的人请重新阅读第 40~41 页和第 44~45 页的内容。

答案 3

答案是④

天蝎座在夏天才会出现，冬天是看不到的。答错的人请重新阅读第 40~41 页和第 44~45 页的内容。

答案 4

答案是④

在北半球，只有面向北方的时候才能看见星星呈逆时针方向旋转。答错的人请重新阅读第 46~47 页的内容。

答案 5

答案是③

在许多神话与传说中都出现的“银河”，它的真面目其实是无数星星聚集在一起形成的集合体。答错的人请重新阅读第 48~49 页的内容。

答案 6

答案是①

1 等星的亮度大约是 6 等星的 100 倍。答错的人请重新阅读第 54~55 页的内容。

档案 FILE 2

徘徊在雪山上的亡灵

柯南一行为了观测天体来到位于山上的民宿，并遇见了星丘高中天文社的社员们。但万万没想到这群人居然藏着一个秘密……

啪嗒
有人比我们还早呢。
麻烦你了。
他们是高中生？
那是星丘高中的制服……他们应该是天文社的吧。
那包行李看起来应该是天文望远镜。
柯南好厉害——
是跟我们一样来进行天体观测的啊……
但是他们好慢哦！
我们不要住这间！
请帮我们换别的房间！

你们去年不也是住的那间房吗？
中村、松本，不要任性。
……
……
不好意思，让各位久等了。
那群人去年也来过吗？
这个嘛……因为去年发生了那种事，我还以为他们不会再来了……
那种事？
去年有位女学生在雪山上发生了意外，过世了……
啊。
来，这是你们房间的钥匙。
谢谢。
真受不了。
没想到又要住在那个房间……

我们住的是『小熊座』房间。
有了！
在这里！
好大的房间啊！
一会儿我们就出发去附近的山上，你们先准备一下。
好——
……
怎么了？
刚才老板不是说有女学生死掉吗？好可怜啊。
山上的确存在许多危险，出发前记得要做好准备。
嗯。
马上就要吃晚饭了！

我吃饱了！
接下来要进行天体观测啦！
博士，我们快出发吧！
别急，出发前我要再确认一下你们的装备。
服装准备完毕！
装备准备完毕！
出发！
咦？
是天文社的那些人。

为相田同学默哀！
这里恐怕……
就是事故现场吧。
你们是刚才的……
我是星丘高中天文社的顾问西原。
虽然我才刚上任……
敝姓阿笠。
这几个小朋友是江户川柯南、灰原哀，还有……
少年侦探团，小岛元太！
吉田步美！
圆谷光彦！
哦——少年侦探啊。
我是前社长，三年级的上村拓马，请多指教。
拓马学长，快来啊——

她们是二年级的中村和松本。
你们好！
那么，今天由我们带各位小侦探来一场星空探险吧！
真的吗？
方便吗？
好啊！
那我们也赶快把望远镜拿出来吧。
不行，不行，先别拿出来！
咦？
没有望远镜，一样也能享受观察星星的乐趣哦。
5000年前，有一群迦勒底人就住在现在的伊拉克一带……
土耳其
伊朗
叙利亚
伊拉克
沙特阿拉伯
科威特
波斯湾
他们一边看守羊群，一边眺望夜空，
发现同一颗星星一定会在每年的同一时节出现在夜空中。

所以他们就依照身边各种动物的形状把星星分成了几块区域。
天蝎
白羊
这就是星座的由来。
那么，你们有没有办法用肉眼找到星座呢？
那里是猎户座！
因为有代表腰带的三连星。
没错。腰带上的三颗星星都是2等星。
而左上角的参宿四和右下角的参宿七都是1等星。
参宿四
参宿七
不愧是拓马学长！
真帅！
真不知道那两个人到底在观察什么。
……

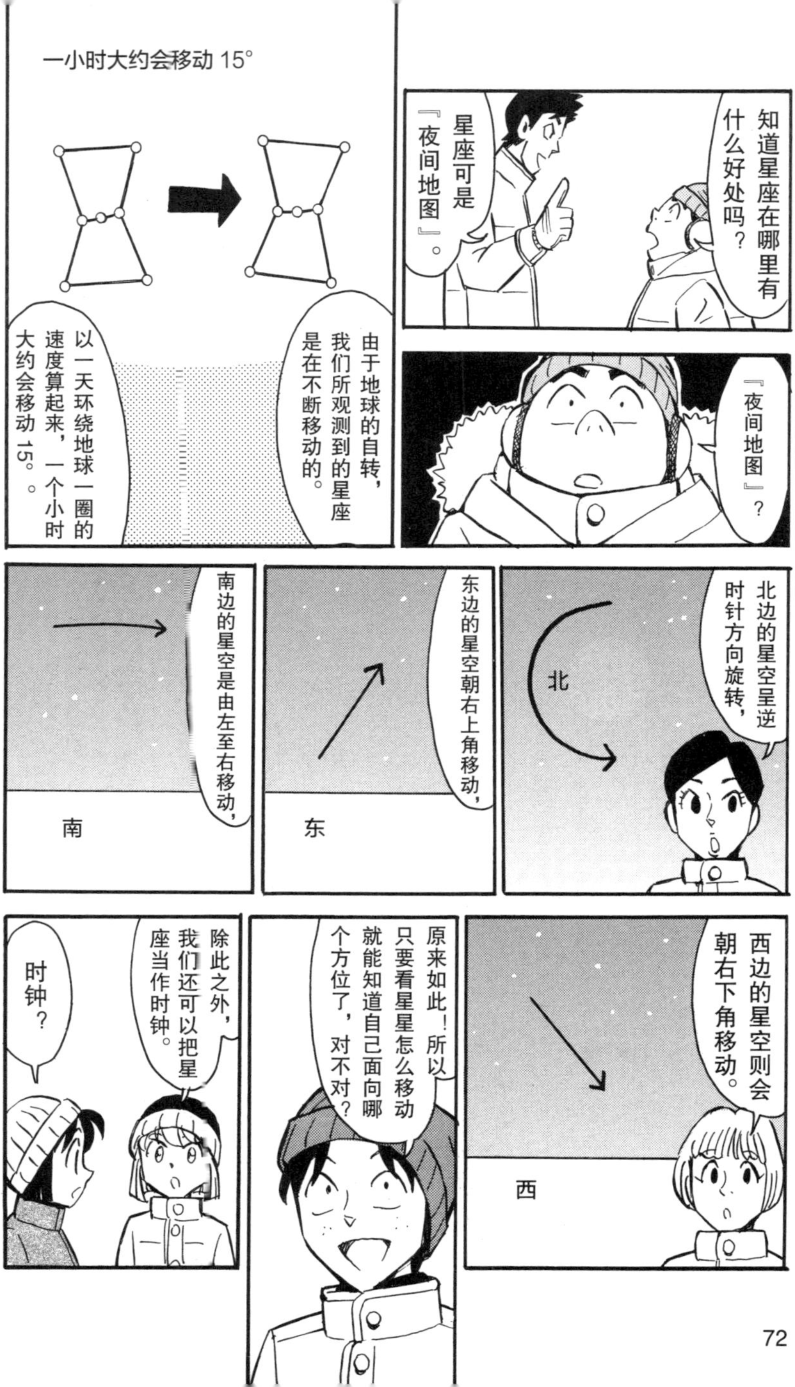
知道星座在哪里有什么好处吗？
星座可是『夜间地图』。
『夜间地图』？
由于地球的自转，我们所观测到的星座是在不断移动的。
以一天环绕地球一圈的速度算起来，一个小时大约会移动15°。
一小时大约会移动15°
北边的星空呈逆时针方向旋转，
北
东边的星空朝右上角移动，
东
南边的星空是由左至右移动，
南
西边的星空则会朝右下角移动。
西
原来如此！所以只要看星星怎么移动就能知道自己面向哪个方位了，对不对？
除此之外，我们还可以把星座当作时钟。
时钟？

在时钟还没有被发明出来之前，人们只能靠星座的移动来判断时间。
不仅如此，星座也可以当作月历来用呢。
因为每个季节可以看到的星座都不同，
夏
天蝎座
冬
猎户座
古人都是靠星座来决定播种或收割农作物的时间。
你们懂的真不少。
嘿嘿。
柯南和小哀懂得真多啊！
要说懂得的知识，我们也不会输哦！
那么，可以开始用望远镜了吗？
别动那个！
吓一跳！
老师？
抱歉，不过跟那个比起来……

来，这个双筒望远镜观测的范围比较广，很适合初学者使用。
我看看，星星在哪里呀？
伤脑筋，就算找到星星，可是手一晃就不见了。
那就用三脚架把望远镜固定起来吧。
好棒——真清楚！
这样就能观察到肉眼看不见的星星了！
要不要用这个？
哇！
好厉害！
我看见一颗大星星周围有几颗小星星！
那是木星与伽利略卫星。
好啦，我们也差不多该回去了。
好——

好暖和啊——
外面好冷。
拓马哥哥，再多教我们一些知识嘛！
你刚才说星星的寿命是由其重量决定的，为什么？
哦，
如果是跟太阳差不多重的星星，大概在活动100亿年以后就会毁灭。
不过有一种比太阳重8~30倍的星星，会在活动数千万年以后爆炸，变成比太阳小却很重的中子星。
重量是太阳30倍以上的星星只要活动数百万年就会发生大爆炸，并变成黑洞。
太阳
太阳的8~30倍
太阳的30倍以上
所以说黑洞是由星星变成的？
没错。

听起来很有趣呢。
你们刚才去哪儿了？
去保养望远镜啊。
不只是事前准备，保养工作也是很重要的。
是的。
好了，大家快点儿去洗个澡吧，
10点会准时熄灯！
步美，要不要跟我一起洗？
嗯！
我先回去拿毛巾！
我最讨厌洗澡了。
好了，总之大家先回房间再说吧。
小哀你也一起来嘛。
呀！

怎么了？
那，那个……
是冰的……
！
这里有卡片掉在地上。
上面写着『我想看星星』。
这里也有，『去找挂饰』？
制服上有名字……
相田美雪？
！

相田……是去年发生意外过世的那位吗？
恐怕……
男生的房间有没有事？
我去看看！
嗒嗒
嘎吱
!
寒冷
到底是谁搞的恶作剧……
这才不是恶作剧！
这是美雪的字迹！
到底是怎么回事……
今年的合宿是大家为了追悼相田而举办的，
可是没想到事情会变成这样……

她是怎么遇难的？
其实我也不是很清楚……
听说去年，
社员们在晚上出门观察星星的时候，
不知道为什么，相田一个人突然跑回民宿，结果在途中掉下了悬崖。
你们没有去找她吗？
当然有！我们一发现相田不见了，就立刻分头去找了！
不过……我们找到一半却突然遇到了暴风雪……
虽然警察和消防员天一亮就立刻展开了搜救——
可是当他们找到她的时候……
人已经冻死了。
她的制服为什么会出现在这里？
难道是幽灵？
不只那件制服是冰的……
掉在旁边的是刚才大家丢下去的花束，没错吧？

震惊
哭泣
窗户是锁着的。
开窗
外面雪地上也没有留下足迹……
一定是幽灵搞的鬼！
……
啪嗒
几位冷静下来了吗？
嗯。
大姐姐她们一直都跟我们在一起，对吧？
也就是说，她们回来以后，根本没进房间。

卡片上面写的什么？
不……不知道……
是谁准备的花束？
我记得是拓马学长。
他说美雪喜欢兰花，所以……
拓马哥哥，那些花是在哪里买的？
学校附近的花店。
我看看……
有了。我订花的那家店叫作高田花匠。
好特别的挂饰啊。
呵呵，这是陨石做的。
对了，我听说相田的哥哥好像也送给她一条一样的……
……她的哥哥？
我记得美雪不是和她妈妈两个人一起住吗？
不……她曾经说过她有一个哥哥，跟着离婚的爸爸住。
因为我家也是单亲家庭，所以我们经常一起聊这些事。
所以说，那个挂饰不是学长送给她的……
嘘！

我们只是比较聊得来罢了。
虽然很多人认为我们在交往……
……
西原老师不认识美雪姐姐吗？
是啊，因为她在我当上顾问以前就已经过世了。
那幽灵呢？幽灵的真面目到底是什么？
看来不是幽灵搞的鬼。
对不对，阿笠博士？
嗯？
哎！新一……
拜托你像平常那样假装一下。
啊——
咳！
现在时间也晚了，为了让大家可以早点儿休息，就让我来揭开幽灵之谜吧。
首先，在刚才的房间里，
放着美雪小姐的制服、枯萎的花束和卡片，对吧？

而花束是拓马同学买来的……
你的意思是，嫌疑人是拓马哥哥？
花束并不一定只有他才能准备。
没错，重点在于卡片。
毕竟，
这次的幽灵事件与美雪小姐的死有关。
当时美雪小姐为什么要一个人摸黑跑回民宿？
关键就在于她从哥哥那里拿到的挂饰。
虽然刚才的卡片上写着『去找挂饰』，不过美雪小姐过世的时候，挂饰并不在她身上，对吧？
去找挂饰
是的。
那么挂饰究竟会在哪里呢？
惠小姐、由香小姐，我想你们应该很清楚挂饰到底在哪里吧？请你们告诉我！
！
我……我实在很不甘心。
由香！

我就全说了吧。
我们几个都是因为崇拜拓马学长而进天文社的。
但平常老是摆出一副乖乖女的模样，怎么看都对男人没有兴趣的美雪……
却跟学长走得很近……
而且在去年合宿之前，她还告诉我们那是她最重要的人送给她的挂饰——
因为那条挂饰跟拓马的一模一样，
所以你们才以为那是拓马同学送的？
是的。
你们对相田做了什么？
只是把挂饰藏了起来。
虽然我们打算马上就还给她，
可是……她在大家刚开始观测的时候发现挂饰不见了，
就自己一个人跑了回去……
我们根本没想到会发生那种事……
哭泣

那，幽灵呢？幽灵又是谁扮的呢？
大家好好想想，那间房间根本没有从外部进入的痕迹，
也就是说嫌疑人就在我们之中。
大家结束观测回到民宿以后，几乎所有人都一直待在大厅……
其中离开过大厅且有时间对房间动手脚的——
只有西原老师你一个人而已！
震惊
为什么是我？就算花束是我准备的，可是相田的制服怎么可能会在我这个跟她从未谋面的人手上？
的确。
但也不是绝对没有可能……
如果说，你就是美雪小姐的哥哥呢？
！

对妹妹的死抱有怀疑的你，以教师的身份进入星丘高中教书，并且当上了天文社的顾问。
在这半年里，你发现惠小姐、由香小姐和拓马同学似乎知道些什么——
所以才会在这次集训中假扮幽灵，想要他们说出真相，对吧？
你应该是将湿透的制服放在装望远镜的袋子中，靠寒冷的天气让制服结冰的吧。
所以元太要拿望远镜的时候老师才会那么生气啊。
房间里的卡片也是你用美雪生前留下的信放大临摹出来的，对吗？
……
你说的没错。
我一直很想知道美雪去世的真相。
老师，对不起。
都是因为我们……

能不能……请你们把美雪的挂饰还给我？
这个……
因为我们觉得很害怕，所以去年就把挂饰丢在现场了……
……
美……
美雪！
老师！
你们乖乖地待在这里！
来，拿去吧。
我们马上回来！
人呢？
找到了！
老师！

雪这么大，怎么找啊？
我得把挂饰找回来，不然美雪死不瞑目……
老师……
糟糕！我还是先回民宿一趟比较好。
可……可是！
根本不知道民宿在哪个方向啊！
快到里面来避一避！
就在这儿等暴风雪过去吧。

暴风雪总算停了。
可是……我们到底在哪里？
怎么才能回民宿呢？
我们回得去吗？
冷静。
我们还有星空这张地图啊。
对了！
先找一找北极星吧！
那是北斗七星！
如果仙后座在那边的话……
北极星就在那里！
大家从这里向北走就能回到民宿了。
知道了！

那该不会是？
这是美雪的……
美雪！
太好了，我们到了！
都是托星星的福！
老师，对不起……
不可原谅……
——本来想这么说的，可是我和大家相处了半年，所以我知道你们并不是坏孩子。

你们永远都是我的宝贝学生啊。
总算是真相大白了。
是啊。
欢迎回来！
辛苦了。
咕噜噜
一安下心来，就觉得肚子好饿。
唉，元太你真是的！

什么是恒星？

我们把像太阳一样自身会发光的星体称为“恒星”。恒星会不断在内部进行氢融合成氦的核聚变反应来产生大量能源，恒星所发出的光芒就来自于这些能源。

一颗恒星爆炸之后，它所留下的粉尘与气体会一直飘浮在宇宙中，而这些气体聚集起来后就会成为一颗原恒星。而当这颗原恒星内部开始产生氢融合成氦的核聚变反应，它就会变成一颗会发光的恒星。

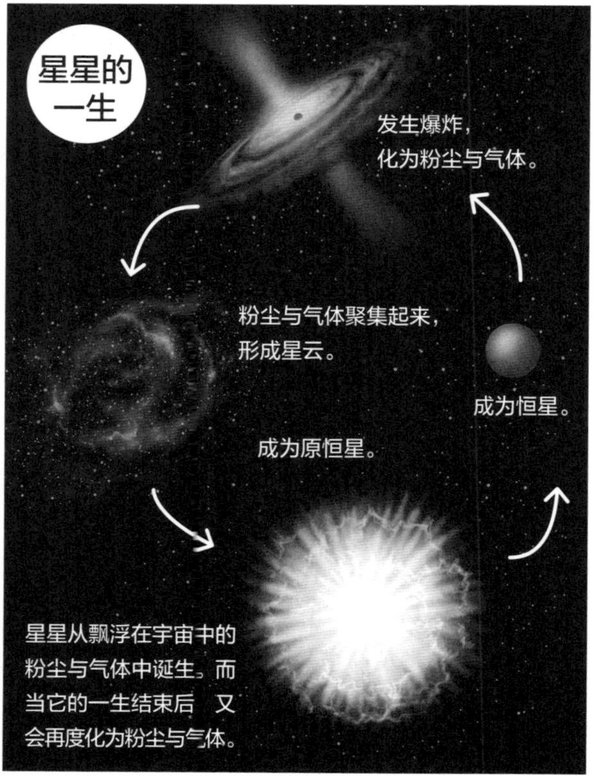

质量决定星星的一生

星星的质量会决定它的一生。太阳是一颗非常巨大的恒星，不过在宇宙中，有许多比太阳还大的星星。我们以太阳为基准，来看看不同质量的星星会有什么结局吧。

一颗和太阳差不多质量的星星在变成红巨星之后体积会逐渐缩小，最后变为白矮星并结束它的一生。质量超过太阳约 8~30 倍的星星则会变成红超巨星，在引发超新星爆炸之后成为一颗高质量小体积的中子星。质量超过太阳约 30 倍的星星，在引发超新星爆炸之后会变成黑洞。

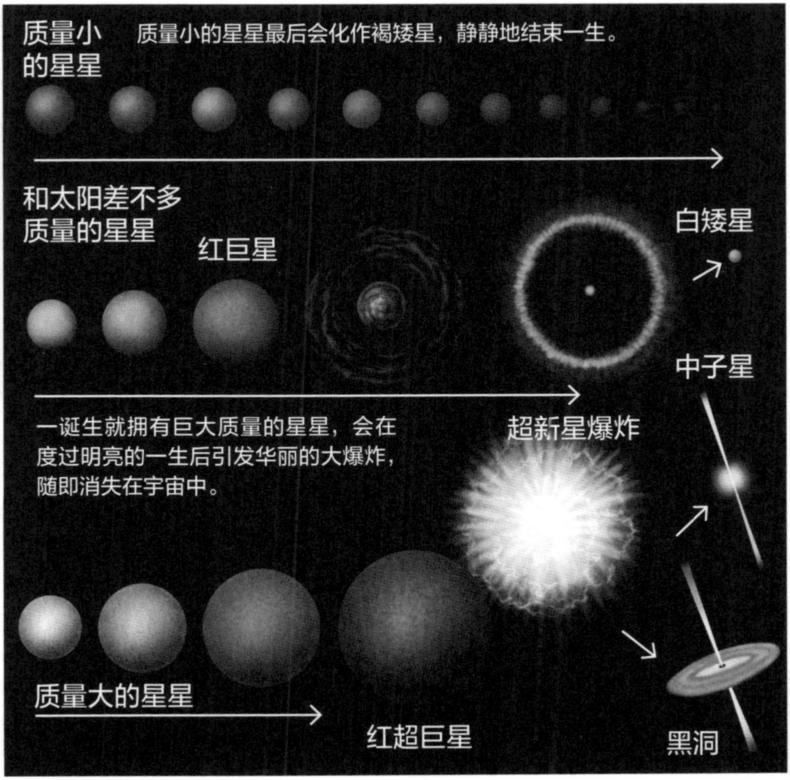

太阳系的八大行星①

让我们来了解一下环绕在太阳周围的八大行星！

什么是行星？

行星通常指自身不发光，环绕着恒星的天体。其公转方向常与所绕恒星的自转方向相同。因为这些星星看起来像在夜空中漫游一般，所以称之为“行星”。目前，人类在以太阳为中心的太阳系中所发现的“行星”，包括地球在内一共有八颗。虽然行星不像恒星一样能够自己发光，不过这些行星可以依靠反射太阳光，让自己看起来就像在夜空中发光一样。

环绕在太阳周围的行星

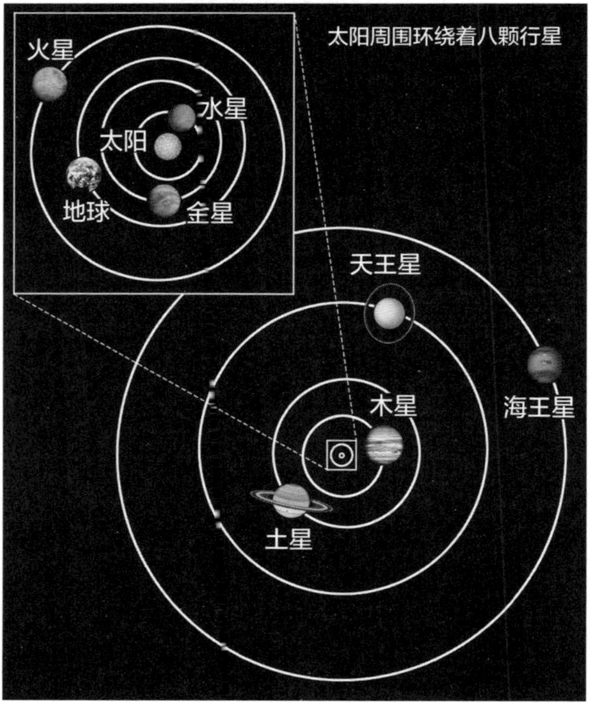

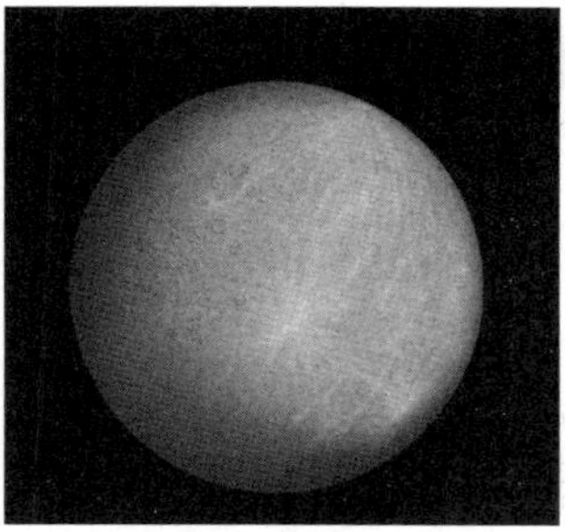

水星与月亮十分相似，表面有许多陨石坑。

水星

水星是八大行星中体积最小，也是距离太阳最近的一颗行星。它的表面温度在白天时可以高达约 430℃，不过在夜晚，气温会骤降到约 -170℃。水星大约是 59 天自转一周，而绕太阳公转一周大约需要 88 天。如果想要在地球上观察水星，就只能趁着日落刚结束或者日出前才能观察到。

在金星大气中，二氧化碳最多，占 97% 以上。

金星

金星的体积和地球差不多，是距离太阳第二近的行星。金星的亮度比著名的天狼星还要亮 14 倍，犹如一颗耀眼的钻石。所以古人称金星为“太白”或“太白金星”。金星自转一周的周期约为 243 天，绕太阳公转一周的周期约为 225 天。因为金星自转的方向和地球相反，所以在金星上可以看见太阳从西边升起的情景。

地球表面不仅布满了蔚蓝色的海洋，而且还被水蒸气构成的云所包围。

地球

地球也是太阳系的行星之一。地球自转①一周需要一天，绕太阳公转②一周需要一年。因为地球表面被大气所包围，所以昼夜温差变化不大；又因为有水的存在，所以生物才得以在地球上生存。另外，还有一颗名叫月亮的卫星环绕在地球周围。

①自转：天体本身的旋转运动。
②公转：在太阳系当中，行星绕着太阳旋转的运动。

火星

火星之所以看起来是红色的，是因为火星表面被赤铁矿覆盖。

火星是太阳系的第四颗行星，它的自转周期约为一天，公转周期约为687天。火星上以二氧化碳为主的大气既稀薄又寒冷，沙尘悬浮其中，常出现沙尘暴。另外，太阳系中最高的山和最大的峡谷就位于火星上。

木星

通过望远镜观察，有时可以看见木星表面有大红斑。

木星是太阳系的第五颗行星，同时也是太阳系中最大的一颗行星。木星的自转周期约为10小时，公转周期约为12年。

木星和太阳一样主要由氢、氦两种气体所构成。据说如果木星体积再扩大80倍左右的话，就能成为和太阳一样大的恒星。木星的周围布满了由云层与大气所形成的暴风圈。

目前人类已经发现木星周围环绕着79颗卫星※。最初发现木星周围有卫星存在的人，是意大利科学家伽利略·伽利雷。他所发现的四颗卫星后来分别被取名为艾奥、欧罗巴、加尼美得与卡利斯托，四者合称为“伽利略卫星”。

※ 卫星数量截止2011年6月的资料。

通过望远镜，有时可以观测到土星周围的圆环。

土星

土星是太阳系的第六颗行星，它的周围环绕着一个圆环，外形十分特别，圆环的主要成分是冰的微粒、少量的岩石残骸和尘土。这颗体积仅次于木星的行星同样也由氢气与氦气等气体构成，其自转周期约为 10.23 小时，公转周期约为 29.5 年。环绕在土星周围的卫星多达 62 颗。

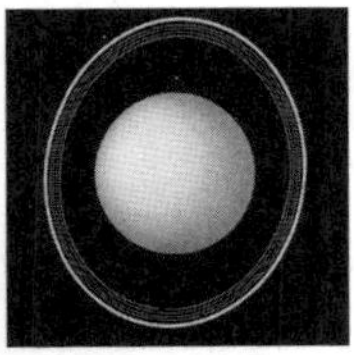

天王星的周围有27颗卫星。

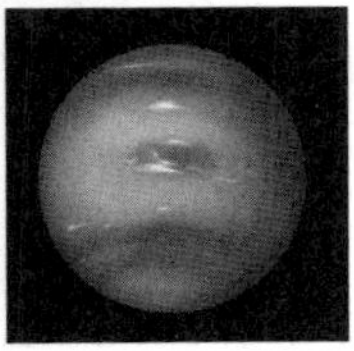

海王星的周围有14颗卫星。

天王星、海王星

太阳系的第七颗行星天王星与第八颗行星海王星同样也是由气体所构成的。因为这两颗行星距离地球太远，所以人们一直不知道它们的存在。直到 18 世纪末，一位名叫威廉・赫歇尔的天文学家在偶然间发现了天王星，而海王星则是 19 世纪后才被发现。

霍尔斯特的《行星》组曲

英国作曲家霍尔斯特曾以除了地球之外的七大行星为题材，创作了一部由七个乐章所组成的管弦交响乐《行星》组曲，其中最著名的就是《木星——欢乐使者》。

行星的名字来自神话

水星的名字取自于传令之神赫尔墨斯，金星的名字取自于女神阿佛洛狄忒，火星的名字取自于战神阿瑞斯，木星的名字取自于天神宙斯……事实上，欧洲人给行星取的名字几乎都来自希腊神话。

无法成为行星的星星

太阳系中除了太阳、行星与卫星，还有很多种星星存在。例如冥王星与谷神星，这种看起来不起眼，但却跟行星一样绕着太阳转的星球，被称作“矮行星”。

而除此之外，围绕太阳运转但不符合行星和矮行星条件的天体，主要包括小行星、彗星、流星体和其他星际物质，我们都统称为“太阳系小天体”。别看它们体积小，但它们也是太阳系中的一分子。

“隼鸟”号与小行星25143

2003 年发射的“隼鸟号”带回了小行星 25143 的样本，在当时引起了轰动。

哈雷彗星下次过近日点的时间预计在 2061 年夏天。

彗星

彗星又被称为“扫帚星”，长长的尾巴是它最大的特征。彗星分为彗核、彗发、彗尾三部分。彗核由冰物质构成，当彗星接近恒星时，冰物质升华，在彗核周围形成朦胧的彗发和一条稀薄物质流构成的彗尾。著名的哈雷彗星绕太阳一周的时间为 76 年。

流星雨会以放射状在星座附近不断落下。

流星和流星雨

流星并非是真的星星，它的真面目其实是运行在星际空间的星体在接近地球时，由于地球引力的作用，进入地球大气层，与大气摩擦燃烧所产生的光迹。

流星包括单个流星、火流星和流星雨三种。

流星雨是在夜空中有许多的流星从天空中一个所谓的辐射点发射出来的天文现象。通常人们以流星雨辐射点所在天区的星座给流星雨命名，以区别来自不同方向的流星雨。

日本每年都能看见的三大流星雨

象限仪座流星雨 ……1 月上旬

英仙座流星雨 ……8 月中旬

双子座流星雨 ……12 月中旬

观测星星的方法

我们并不需要为了进行天体观测而特地跑到郊外去。在没有光污染的山上就可以看见很多星星，不过就算在灯火通明的大街上，我们还是可以看到许多特别明亮的星星。

就算不用天文望远镜，我们也一样可以进行天体观测。

①用肉眼观测

首先，可以试着用肉眼去观测星星。只要找到那些特别明亮的 1 等星，就可以找到许多星座。

②用双筒望远镜观测

利用双筒望远镜可视范围较广的特性，想要找到特定的星星就不再是一件难事了。

③用望远镜观测

由于望远镜的可视范围较窄，所以最好使用三脚架来加以固定。说不定还能看见土星环呢！

④天文馆的大型望远镜

各地的天文馆通常都会有大型望远镜，大家不妨趁着假期和家人一起来一场天体观测之旅。

什么是光污染？

在城市里，一到夜晚，就会亮起许多霓虹灯，这些光会让我们难以看清楚夜空中的星星，所以被称为“光污染”。

各式各样的望远镜

望远镜是为了观察远方的景物而发明出来的，据说第一架望远镜是在 17 世纪初制造出来的。望远镜由靠近观测物体的物镜与靠近眼睛的目镜构成。望远镜的种类可以分为好多种，有折射望远镜、折反射望远镜、射电望远镜等。

最早使用望远镜观测宇宙的人，是意大利科学家伽利略·伽利雷。正是因为有了望远镜的帮助，伽利略才发现了木星周围的四颗卫星、土星环以及月球上的陨石坑等。正因为有了伽利略的这些发现，之后开普勒与牛顿等科学家们开始对望远镜不断加以改良，人类才得以发现更多宇宙的奥秘。

开普勒式折射望远镜

这是目镜与物镜均为凸透镜的望远镜。它的视野很广阔，不过却有景物上下颠倒的缺点。

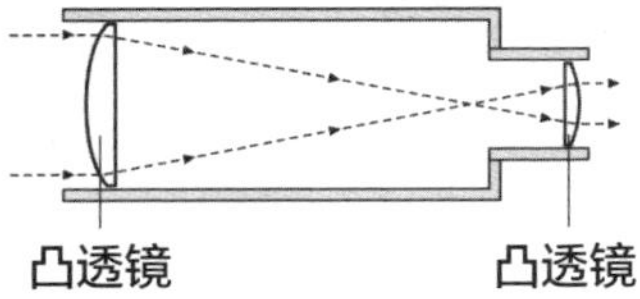

伽利略式折射望远镜

这是目镜为凹透镜，而物镜为凸透镜的望远镜。它的缺点是在明亮物体周围产生“假色”。

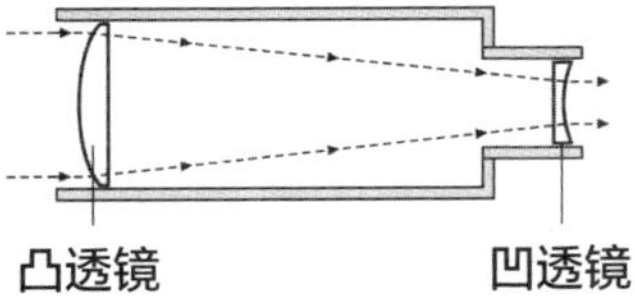

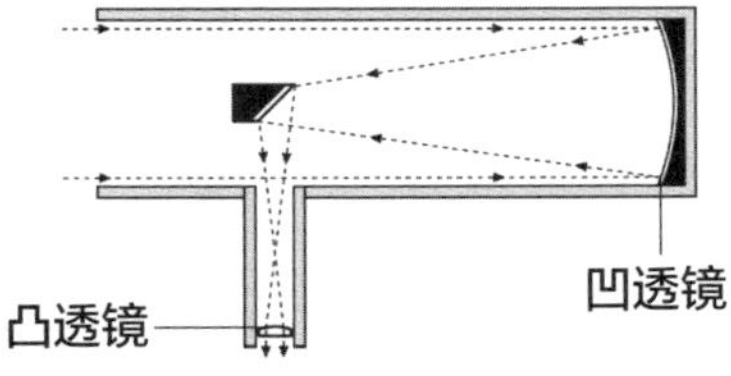

反射望远镜

这种望远镜改用凹透镜来做物镜，解决了折射望远镜在明亮物体周围产生“假色”的问题。

在宇宙空间进行的天体观测

人类的观测活动已经转向宇宙了！

在地球附近进行观测

太阳光中含有一些对人体有害的放射线，不过这些放射线绝大部分会被大气隔绝掉，几乎照射不到地球表面。也就是说，地球被大气这层防护罩保护着。同时这层大气也会遮蔽我们的视野，让我们无法顺利地在地面上观测宇宙。于是人类便将载有望远镜的人造卫星发射到宇宙中去，以便对宇宙进行更详细的观测。

哈勃空间望远镜

1990 年 4 月 24 日，在美国肯尼迪航天中心，由“发现者”号航天飞机发射升空。

©ESA①NASA②达志影像提供

这是哈勃空间望远镜所观测到的，距离地球三亿光年的螺旋星系。

国际空间站

国际空间站是一个由六个国际主要太空机构联合推进的国际合作计划。

① NASA：美国航空航天局
② ESA：欧洲航天局

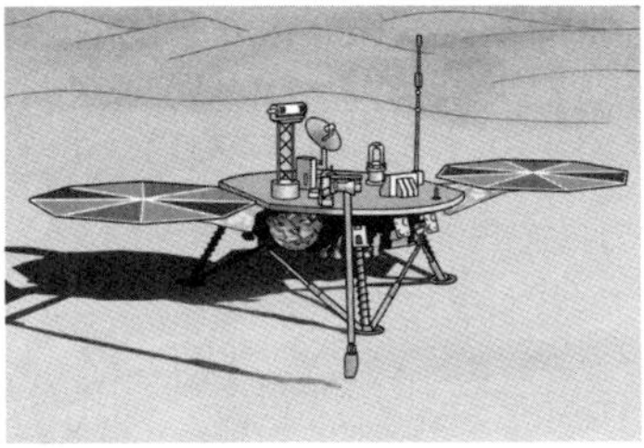

2008 年，NASA 所发射的“凤凰号”火星探测器发现了火星上有冰存在。

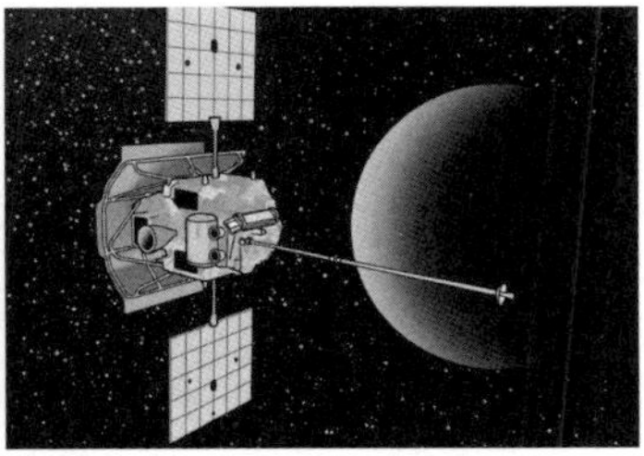

旅行者探测器一路行经木星、土星、天王星与海王星，现在它们依然还在宇宙中继续着自己的旅程呢。

到宇宙中去吧！

想要在太空中观测宇宙，并不只有发射人造卫星一个方法。人类为了研究太阳系的行星，曾派出过许多探测器，而其中登陆次数最多的就是火星。这些探测器有些是专门调查火星地形的，有些则是专门调查火星上有没有水源的。

不只是火星，人类的探测器还拜访过更遥远的行星。例如，NASA 在 1977 年发射的“旅行者 1 号”与“旅行者 2 号”探测器，就能一口气观测到从木星到海王星的范围，而且现在还继续着它们的观测任务。除此之外，“旅行者 1 号”探测器还携带了一张内含许多地球信息的金唱片，或许住在宇宙某处的外星人有一天也能接收到我们发出的信息。

宇宙里的废弃物——“太空垃圾”

当人类开始将活动范围拓展到宇宙中后，飘浮在宇宙中的“太空垃圾”也随之增加。这些太空垃圾会绕着地球不停地旋转，如果航天飞机之类的飞行器和它相撞的话，会造成严重的后果。

宇宙灯塔——“老人星”

由于“旅行者 1 号”等探测器在宇宙中旅行的时候很容易迷失方向，所以这颗船底座中的 1 等星——“老人星”才会被选为宇宙航行的指针之一。老人星是亮度仅次于天狼星的一颗星星，因此被称作“宇宙灯塔”。

「地心说」与「日心说」

人类的观点随着时代的发展也在变化！

宇宙的中心是地球？

过去人们认为地球是宇宙的中心，太阳和星星等天体都围绕着地球旋转，这种说法被称为“地心说”，在相当长的一段时间内，地心说一直是天主教教会公认的世界观。

不过到了近代，宇宙观测技术证实了地球并非宇宙的中心，而是绕着位于宇宙一角的太阳不断旋转的行星之一，这种说法叫作“日心说”。

托勒密的“地心说”

古希腊的天文学家托勒密认为“地球是宇宙的中心，月亮、太阳与行星都绕着地球旋转”。当时他对宇宙的见解，都记载在《天文学大成》中。

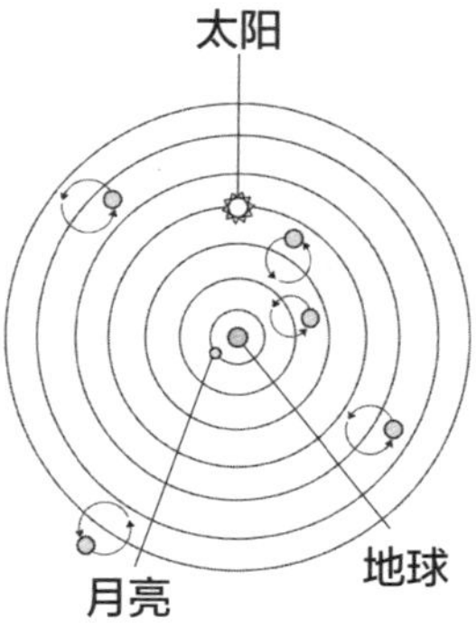

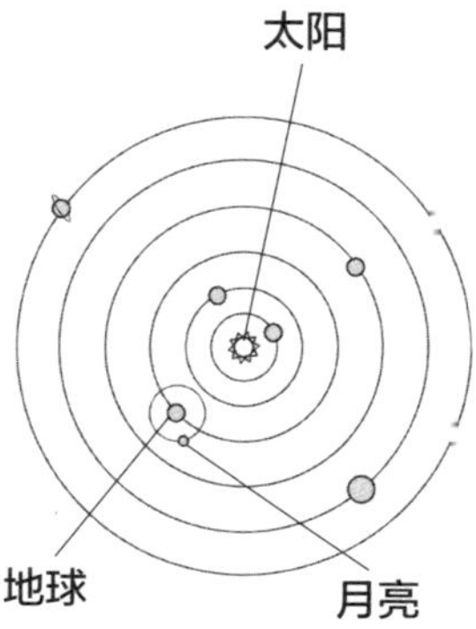

哥白尼的“日心说”

16 世纪，波兰的天文学家哥白尼认为“地球以及其他行星都一起围绕着太阳做圆周运动，只有月亮环绕着地球运行”。虽然这对当时人们的世界观造成了很大的冲击，不过近代的宇宙观测技术证明了“日心说”的确是对的。

古人的宇宙观

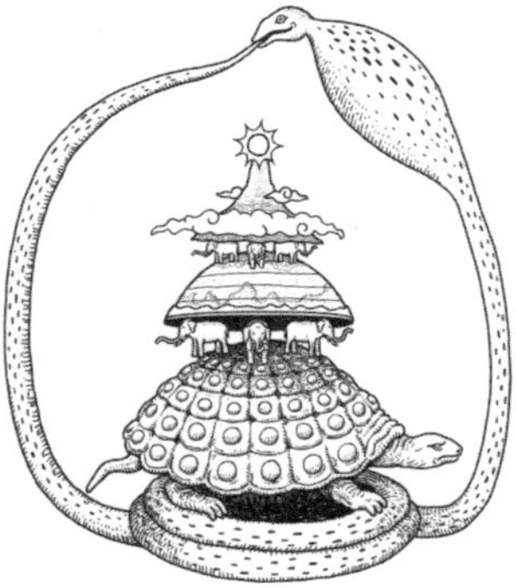

古印度人的宇宙观

古印度人认为世界是半球体，站在龟背上的大象们背负着整个世界。

自古以来，人类就靠着观测天体来进行航海或者农耕等活动。虽然当时没有高性能的天文望远镜可以使用，不过他们的观测结果却非常正确。

古埃及人认为地球是被植物覆盖躺卧着的女神盖布的身姿，天神努特则弯曲着身体被大气之神支撑，太阳神和月神各自乘坐两艘小船每天横穿尼罗河消失在死亡的黑暗中。而古代的欧洲人，在很长一段时间内只相信“地心说”。

但是，自哥白尼开始提倡“日心说”，伽利略等科学家开始观测宇宙之后已经过去了很多年，人们对宇宙的看法也有了相当大的改变。不过到目前为止，宇宙对于人类来说仍然是谜团重重，等这些谜团都揭开之后，或许人们又会得出不一样的观点。

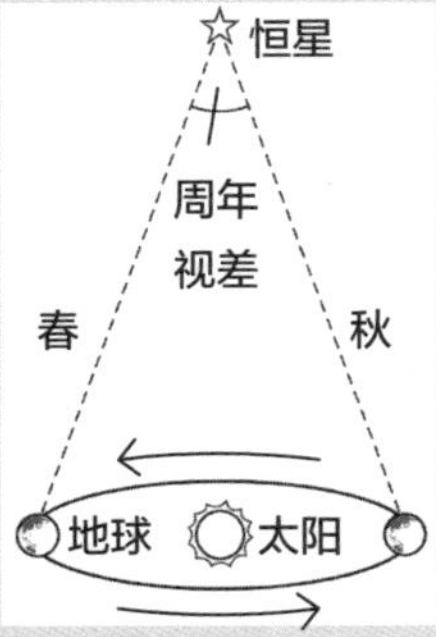

“日心说”的证据在哪里？

简单来说，因为地球要绕着太阳公转，所以当地球位于轨道的不同位置上时观测遥远的恒星，这些恒星之间的位置应该是有差异的。这就叫“恒星周年视差”。不过因为恒星之间距离都极为遥远，所以恒星的周年视差是非常微小的。当年，寻找恒星周年视差是证明“日心说”的最后一个难题。

地球位于宇宙何处？

在辽阔的宇宙中找出地球的位置吧！

位于辽阔宇宙中的地球

星星并不是毫无章法地散布在宇宙中，而是聚集在一个个被称为“星系”的集合体中。据说，在宇宙中有 1000 亿个左右的星系存在。

我们在夜空中看到的银河系，其实就是这 1000 多亿个星系中的其中一个。银河系又包括 1000 亿 ~4000 亿颗恒星和大量的星团、星云以及各种类型的星际气体和星际尘埃。而地球只是太阳系中的八大行星之一。

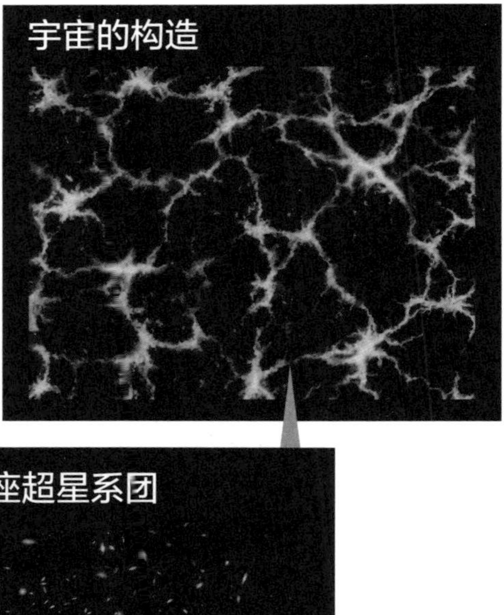

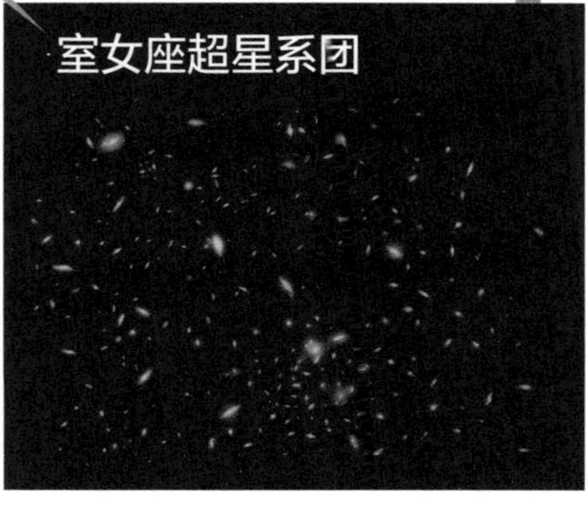

宇宙的尽头在哪里?

人类到目前为止还没有揭开宇宙诞生的谜团。虽然我们还不知道宇宙的尽头在哪里，不过就像前文所说的那样，当宇宙距离我们越远，我们看到的就是越久以前的宇宙。这就表示，如果有一天我们真的找到了宇宙的尽头，说不定就有机会目睹宇宙诞生的瞬间。

离我们最近的星系

距离地球所在的银河系最近的星系，叫作仙女座星系。这个仙女座星系原本被当成银河系的一部分，其实它是一个独立的大型星系。虽然说仙女座星系的位置就在银河系的隔壁，不过两者之间的距离其实约有 250 万光年。在秋天的夜晚，我们可以看见仙女座附近的椭圆形光斑，那就是仙女座星系了。

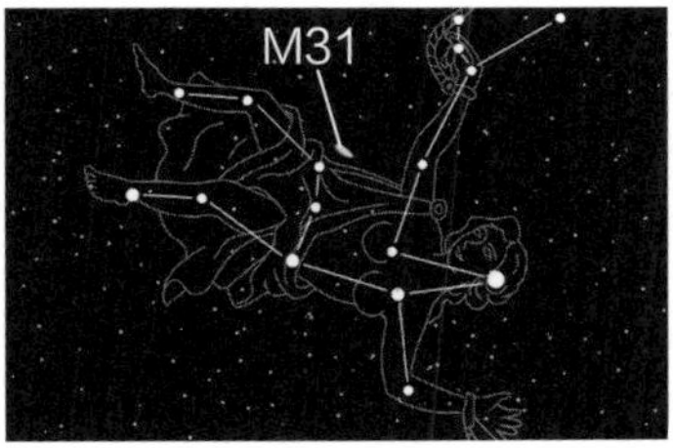

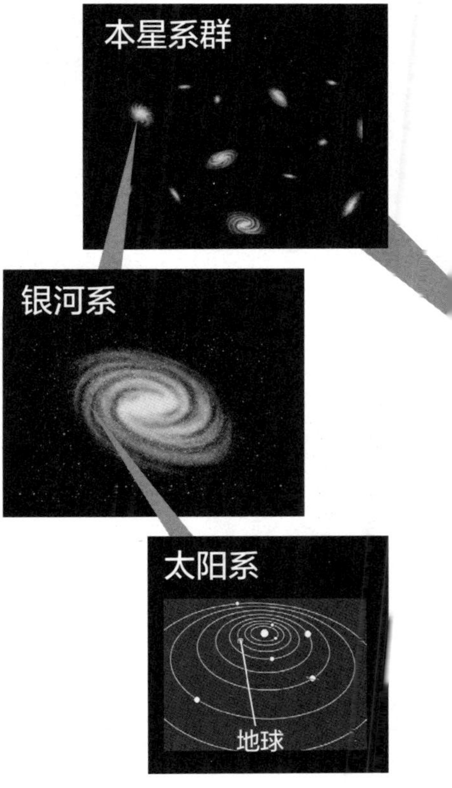

为了揭开宇宙之谜的各种计划

自从伽利略·伽利雷首次使用望远镜观测宇宙后，虽然一些宇宙的奥秘在许多天文学家的努力下被一一揭开，但依然还有许多秘密等着人类去揭开。为了揭开这些谜团，世界各国几乎动用了尖端的技术来对宇宙展开观测。

下面就为大家介绍一下其中的三项宇宙观测计划吧！

“伊卡洛斯”号

这艘名字取自于希腊神话的“伊卡洛斯”号太空帆船于 2010 年发射，它能够依靠船帆上的太阳能板吸收阳光，并转换成驱动引擎所需的能源。

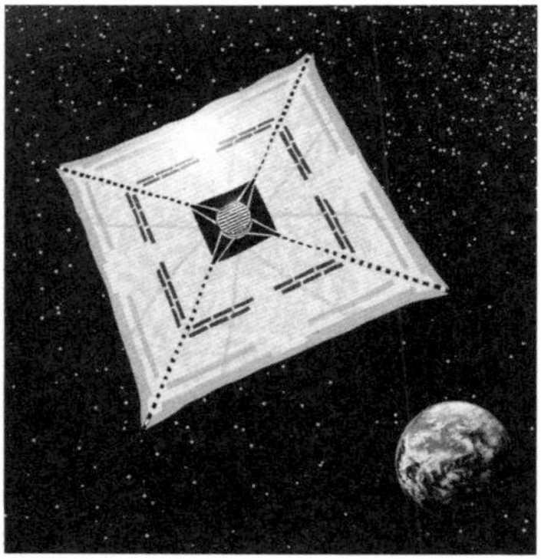

“ALMA”计划

“ALMA”的全称是“阿塔卡马大型毫米波 / 亚毫米波天线阵”，是一个为了调查行星诞生秘密的观测计划。

暗物质与暗能量

暗物质被认为是宇宙研究中最具挑战性的谜题，它代表了宇宙中 90% 以上的物质含量，而我们可见的世界只占宇宙物质的 10% 还不到。暗物质无法直接观测，却能干扰星体发出的光波或引力等，其存在能被明显感受到。暗能量是驱动宇宙运动的一种能量。它和暗物质一样都不会发射或者辐射光，所以人类无法直接用现有的技术进行观测。

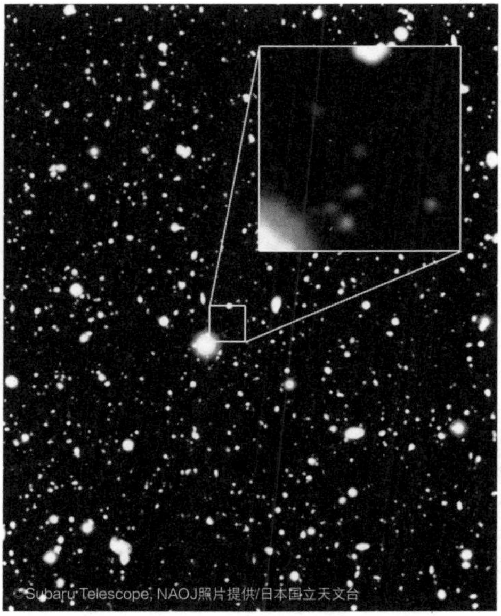

这就是昴星团望远镜在 2006 年所观测到的，距离我们约 128.8 亿光年的星系 IOK–1。我们可以在图中放大的部分发现它的踪影。

昴星团望远镜

昴星团望远镜设立在美国夏威夷莫纳克亚天文台里。这架望远镜能够观测到肉眼可见的光与肉眼不可见的红外线，它还曾经观测到宇宙中的超新星爆炸以及目前所知最遥远的星系 IOK–1。

星星是一切元素的源头

人的身体是由许多种元素构成的。

当一颗星球内部发生核聚变反应时，就会产生碳与铁之类的元素，而大型星球所引发的超新星爆炸中也会产生许多元素。宇宙就是不断重复着这些过程，最后才有了人类的诞生。

利用简易星座表来寻找星座

观测夜空时，可以利用左页的简易星座表来寻找星座。图中上方横长的部分与下方圆形的部分分别代表“南半球星空”与“北半球星空”晚上八点的模样。如果在 6 月观测，只需要将上方横长图中写着“6 月”的部分摆在自己的正面，就能在图中看见南半球 6 月晚上八点的星座分布。如果将下方的圆形图中“6 月”的部分转到正下方，也会呈现出北半球在 6 月晚上八点的星座分布。有了简易星座对照表，找到星座和星星就变得很容易了！

在 6 月的晚上八点，观察北方夜空的时候，可以像这样拿着星座表。

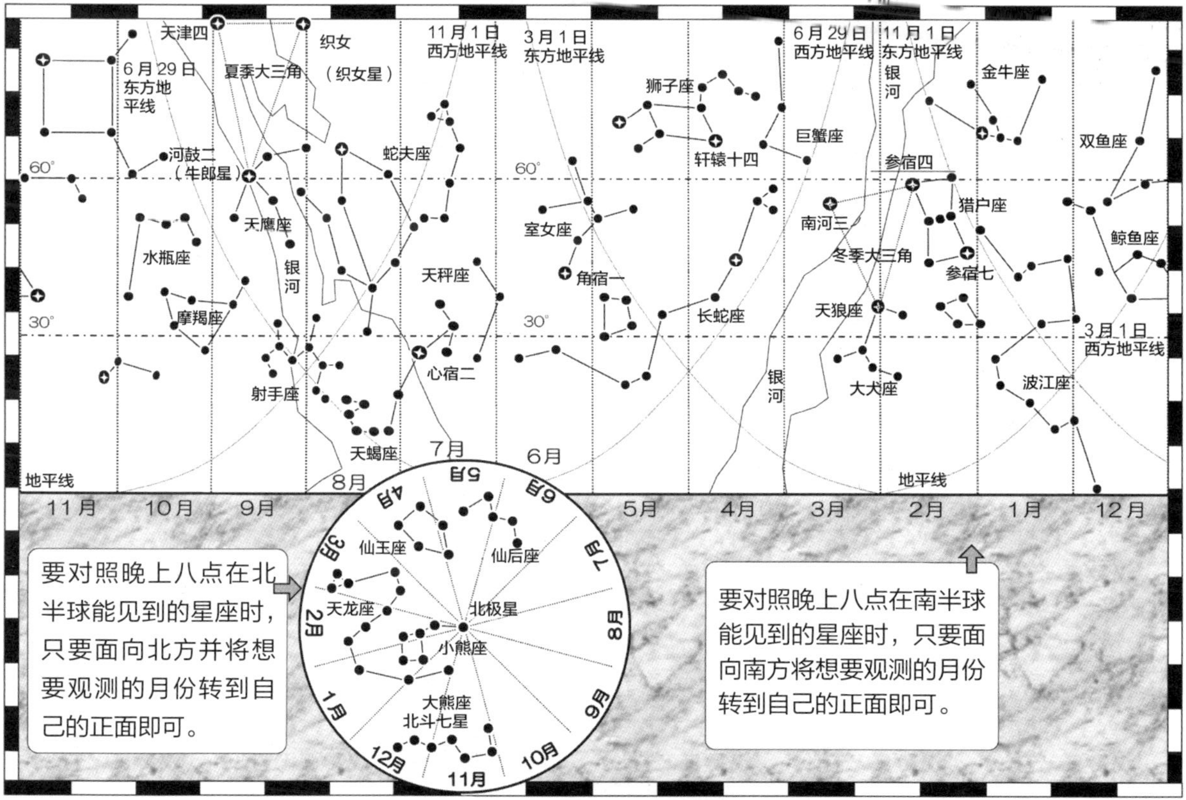

天顶
天顶
天顶
天津四
织女
（织女星）
夏季大三角
6月29日
东方地平线
河鼓二
（牛郎星）
天鹰座
银河
水瓶座
摩羯座
射手座
天蝎座
蛇夫座
天秤座
心宿二
11月1日
西方地平线
3月1日
东方地平线
室女座
角宿一
长蛇座
狮子座
轩辕十四
巨蟹座
6月29日
西方地平线
11月1日
东方地平线
银河
金牛座
参宿四
猎户座
参宿七
南河三
冬季大三角
天狼座
大犬座
银河
双鱼座
鲸鱼座
波江座
3月1日
西方地平线
60°
30°
60°
30°
地平线
地平线
11月
10月
9月
8月
7月
6月
5月
4月
3月
2月
1月
12月
仙王座
仙后座
天龙座
北极星
小熊座
大熊座
北斗七星
要对照晚上八点在北半球能见到的星座时，只要面向北方并将想要观测的月份转到自己的正面即可。
要对照晚上八点在南半球能见到的星座时，只要面向南方将想要观测的月份转到自己的正面即可。

与星星相关的趣味常识

自古以来，星星一直都是我们人类的好朋友！

星星在人类文化中的地位

人类在 5000 多年以前就开始观察星空了。在人们开始圈定星座、星座神话广为流传的古代自然不用说，就算到了宇宙之谜逐渐被人类揭开的现代，星空对于人类来说依然是十分浪漫的神秘存在。

星空和人类的文化生活联系十分密切，也在人类社会中留下了许多奇闻轶事。下面就为大家介绍一下与星星有关的小趣事吧！

以星星为题材的文学作品

由法国作家安托万·德·圣·埃克苏佩里所写的《小王子》，讲的就是小王子从自己的星球出发前往地球的过程中，所经历的各种趣事。而日本作家宫泽贤治所写的《银河铁道之夜》则是叙述了一个贫苦而孤独的少年在梦中和好友乘坐火车畅游银河的故事。

人造黑洞

现存于中国东南大学毫米波国家实验室的“人造黑洞”，实际上是一个模拟装置，这种模拟装置目前可以吸收微波频段的电磁波，在未来，它还可以吸收光。

汉字“星”的由来

“星”这个字是由代表天上闪烁星星的“晶”字，加上甲骨文中的声符“生”之后所诞生的字。像这种用表示意义的“形旁”与表示发音的“声旁”所组成的字，就叫作“形声字”。

龟虎古坟的星宿图

位于日本奈良县的飞鸟历史公园内的龟虎古坟，是在公元 7 世纪末 ~8 世纪初所建造的。刻在古坟内部墙壁上的天文图，其中不但包含了北斗七星等星座，甚至连太阳的移动轨道（黄道）都有。此外，这里的星宿图很有可能是现存天文图中最古老的一张。

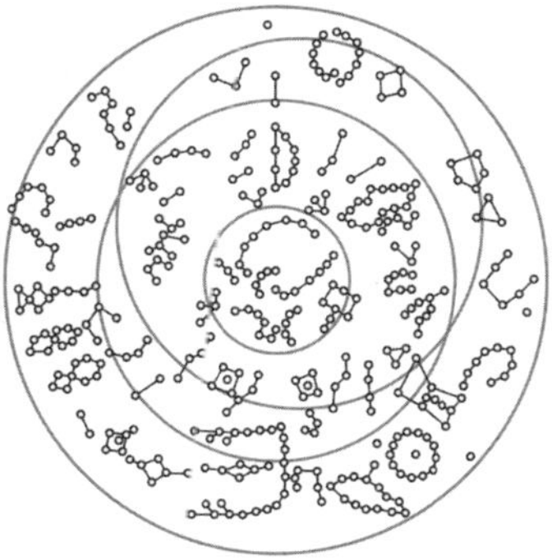

会观察星座的生物可不只人类哦！

其实并不只有人类会观测星座。有人在鸟类迁徙的季节用天象仪观测星空的时候，发现一些鸟类懂得怎么利用星座在美国与墨西哥之间往来。

利用Mitaka软件来一场太空之旅吧！

没想到在家里也能进行宇宙旅行！

Mitaka 是一个什么样的软件？

“Mitaka”是日本国立天文台所开发的四次元数字宇宙观测软件，我们可以利用它来阅览各种有关地球和宇宙的构造等宇宙观测的资料。此外，它还可以帮我们找出某颗星星所在的位置，整个过程就像在宇宙中旅行一样呢。

我们可以在日本国立天文台的官方网站上免费下载这个软件。Mitcka 软件的功能并不只有上面提到的那些，如果想要了解得更详细一些，就到网站上浏览一下吧！

（※ 在下载 Mitaka 软件的时候，务必要经过家长同意。）

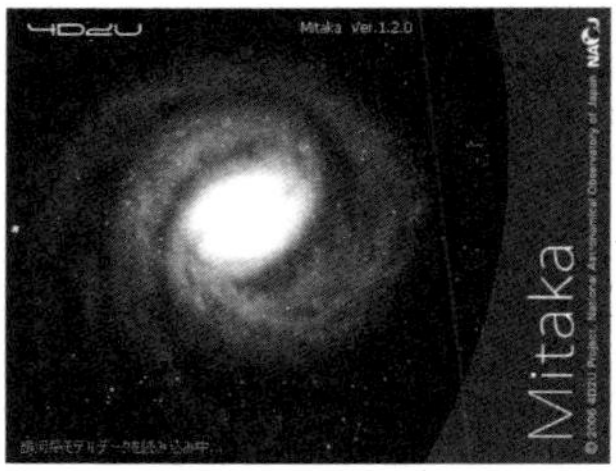

这是Mitaka软件的启动画面，使用此软件还可以从地球外的视角来观测星星。

Mitaka 的官方网站：

http://4d2u.nao.ac.jp/html/program/mitaka/

※ 此网站为日文网站，Mitaka 软件程序内包括英文和日文接口。

①用Mitaka软件来观测星空

Mitaka 软件的天象仪模式可以自由设定。例如，只要将观测日期设定为自己的生日，就能够看见那天的星空是什么样子。另外，在出发去观测天体之前也可以事先用 Mitaka 软件来确认当天星空的情况，这样一来实际观测的时候可以更容易找到目标。使用 Mitaka 软件时就从这个天象仪模式开始吧。

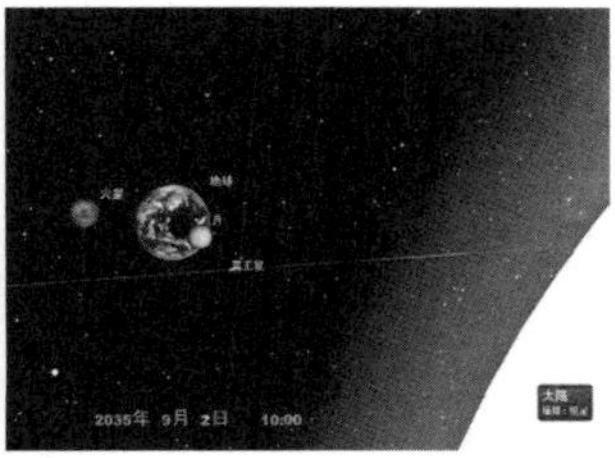

②用Mitaka软件来观测地球

我们可以利用 Mitaka 软件的太空模式来观测地球绕着太阳公转时的情形。只要知道阳光是怎么照射在地球上，就能轻易找出白天与黑夜、夏天与冬天之间的差异了。如果将月亮也列入观测范围，就可以清楚地看出日食与月食是怎么发生的。左图是 Mitaka 软件所预测的 2035 年 9 月 2 日早上 10 点的太阳、地球与月亮的模样。

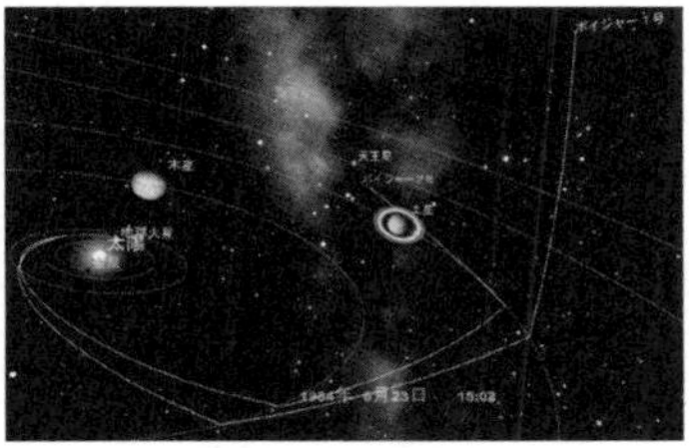

③来一场太空之旅吧

通过 Mitaka 软件，我们可以看到目前已经由人类解析完成、有关宇宙的许多资料。我们可以靠着它追着“旅行者 1 号”的移动路线，飞出太阳系确认星座里各个星星之间的距离。左图就是“旅行者 1 号”与“旅行者 2 号”在宇宙中所走过的路线。

星星与星座问题 2

柯南要出题来请大家挑战！你能答对几道呢？

问题 1

下列哪种条件会决定星星的一生？

①和太阳之间的距离
②星星本身的质量
③星星上有没有水

问题 2

下列哪些是属于太阳系的行星？

①月亮
②地球
③木星
④小行星 25143

问题 3

下列有关木星的说法，错误的是哪一个？

①由气体所构成
②周围有许多卫星
③比地球还要靠近太阳

问题 4

流星的真面目是什么？

①流星体燃烧所产生的光迹
②行星
③从月亮上剥落的碎片

问题 5

人类历史上，第一个利用望远镜来观察宇宙的科学家是谁？

①艾萨克·牛顿
②约翰尼斯·开普勒
③伽利略·伽利雷

问题 6

人类关于宇宙的观点随着时代的发展也在变化。那么，现在的人们又是如何看待宇宙的呢？

①太阳绕着地球转
②地球绕着太阳转
③世界由一只巨大的乌龟支撑着

星星与星座问题 2 的答案

答错的人，请翻回前面，再次阅读相关内容以后继续挑战吧！

答案 1

答案是②

质量越大的星星会发出越强烈的光芒，所引起的爆炸也越强烈。答错的人请重新阅读第 92~93 页的内容。

答案 2

答案是②③

太阳系的行星有八个，分别是水星、金星、地球、火星、木星、土星、天王星与海王星。答错的人请重新阅读第 94~97页的内容。

答案 3

答案是③

其实木星与太阳的距离比地球还要远。答错的人请重新阅读第 94~97 页的内容。

答案 4

答案是①

流星指的是运行在星际空间的流星体，进入地球大气层，与大气摩擦燃烧所产生的光迹。答错的人请重新阅读第 98~99 页的内容。

答案 5

答案是③

伽利略不但是第一个利用望远镜观测宇宙的人，并且也是木星周围四颗卫星的发现者。答错的人请重新阅读第 100~101 页的内容。

答案 6

答案是②

虽然过去的人对“地心说”深信不疑，不过现在大家都知道“日心说”才是正确的。答错的人请重新阅读第 104~105 页的内容。

科学伟人传①

将一生奉献给天体观测事业的天文学家

第谷·布拉赫

让我们来了解一下依靠肉眼观测星空而留名青史的第谷·布拉赫的生平。

1546~1601 年

第谷·布拉赫是丹麦的天文学家，他在望远镜还没发明之前凭借肉眼对星空做出了十分精密的观测。在人们逐渐开始从“地心说”转为相信“日心说”的时代，第谷为了证明“日心说”的正确性而热衷于天体观测，想要找出“周年视差”来。

虽然现在的科学技术已经足以证明“周年视差”（请参考第 105 页）的存在，但是由于第谷所处的时代缺乏像现在一样的观测技术，所以他再怎么努力也无法得到确切的证据来证明“周年视差”的确存在。

第谷晚年收了一位名叫约翰内斯·开普勒的学生。因为开普勒眼睛严重近视，所以他没有办法用肉眼来进行天体观测。因此，他非常想要得到师父第谷的观测记录。但是第谷将自己的观测记录看得比什么都重要，即便是自己的学生也只是让对方看一小部分而已。直到第谷死后，开普勒才完整阅读了他留下的观测记录，并从中推导出了行星的三大运动定律。

开普勒

开普勒依据第谷死后留下的观测记录，推导出了行星的三大运动定律。

科学伟人传②

观测中微子获得诺贝尔奖的科学家

小柴昌俊

1926 年 ~

小柴昌俊博士成功观测到了来自宇宙的中微子。

出生于日本爱知县丰桥市的小柴昌俊博士在 2002 年因为成功观测到可能成为揭开宇宙之谜的关键——中微子，成为第四位获得诺贝尔物理学奖的日本科学家。那么，中微子到底是什么呢?

自古以来，人类一直在追寻“世上的物质到底是由什么构成的”这个问题的答案。例如，古希腊人认为构成物质的最小单位是原子。但是 20 世纪以后，人们发现原子其实又可以分解成更小的原子核与电子，其中原子核还能再分解成质子和中子。

接着，人类又发现了比质子和中子更小的基本粒子，而前面提到的中微子就是基本粒子的一种。因为基本粒子的体积实在是太小了，所以很难观测到。但是小柴昌俊博士还是依靠他所研发的大型观测设施神冈探测器成功观测到了来自宇宙的中微子，取得了让全世界瞩目的功绩。

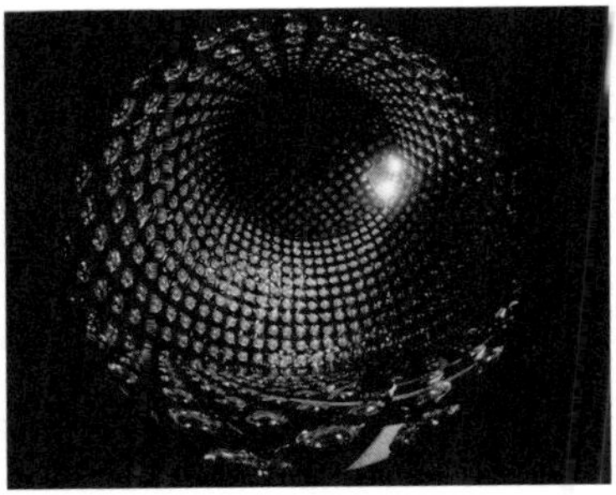

神冈探测器

现在它的工作已经被性能更高的超级神冈探测器所取代了。

自然科学的基本调查方法

在我们周围藏着许多有关自然科学的秘密，那么我们应该如何把这些秘密挖掘出来呢？

为什么我们能看见彩虹？植物是如何生长的？为什么我们能听到声音呢？

大家试着把平时感到困惑的地方写在笔记本上，要知道“为什么”可是科学研究中最重要的关键词！

① 寻找问题

接着，就可以制订研究计划了。该用什么方法解答这些疑问呢？当大家从书籍、网络中找到可行的方法以后，最好先让家长看看这些方法是否安全。

② 制订研究计划

做好计划后，就可以准备实验时要用到的道具了。为了安全起见，要让家长检查过后才可以开始实验。在实验过程中最好能留下照片，或者把结果记录在笔记本上，这样在汇总研究结果的时候比较方便。

③ 做好准备

④-❶ 通过观察来找出真相

我们可以通过观察来了解星星与星座等事物相关的秘密。在观察的时候，不要忘记用照片记录下观察对象，并将观察日期与条件（例如场所、天气等）记在笔记本上。还有，外出一定要有家长陪同！

④-❷ 利用实验找出真相

实验时，不要忘记在笔记本上写下实验记录，例如日期、实验过程（改变长度、测量温度的过程）等。如果结果和预想的不同，就试着找出原因吧！记得在做实验的时候，一定要有家长陪同！

⑤ 汇集整理结果

实验主题：施力与弹簧变形程度的关系

20XX 年 XX 月 XX 日

目的与预想：

在弹簧上施加越大的力，弹簧就会拉得越长。由此可见，弹簧的延伸是有规律的。这次我们要调查的就是弹簧的延伸程度与力的关系。

准备：

弹簧、直尺、10 克砝码 8 个、三脚架

方法：

1. 用三脚架固定住弹簧
2. 将弹簧末端与直尺的 0 厘米处对齐
3. 慢慢增加砝码，观察弹簧的延伸程度

结果：

增加一个 10 克重的砝码所测量出来的结果

对弹簧施力（克）

弹簧延伸程度（毫米）

增加的重量	0	10	20	30	40	50	60	70	80
伸长的长度	0	7	13	21	28	36	42	48	56

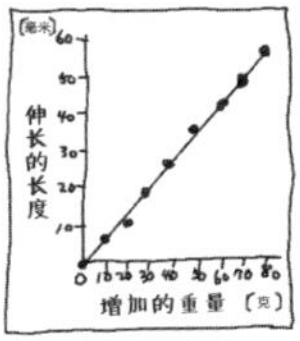

发现：

从图表中可以知道，对弹簧施力越大，其延伸程度也会以等比例增加。

感想：

要固定好弹簧，让它不会因为砝码的增加而移动实在很难。下次我们可以改用纸或塑料来当实验对象。

- 题目、日期
- 目的与预想→写下实验或观察的目的以及自己预想的结果。
- 准备→事前准备好所需要的道具。
- 方法→列出实验时的所有步骤，让其他人也能进行同样的实验。
- 结果→将实验、观察的结果用图表、照片等形式整理出来。
- 发现→写出自己通过观察得出的结果。
- 感想→“很有趣”之类的感想最好能跟“发现”的部分分开。

观察或实验完成后，就把结果像左图这样汇总成一张表吧！

图书在版编目（CIP）数据

星星与星座的秘密 /（日）青山刚昌著；（日）金井正幸绘；灿烛童书译. -- 哈尔滨：黑龙江少年儿童出版社，2019.2

（名侦探柯南的科学之旅）

ISBN 978-7-5319-6083-6

Ⅰ. ①星… Ⅱ. ①青… ②金… ③灿… Ⅲ. ①星座-少儿读物 Ⅳ. ①P151-49

中国版本图书馆CIP数据核字(2018)第281143号

黑版贸审字 08-2018-099 号

名侦探柯南的科学之旅

星星与星座的秘密

Xingxing yu Xingzuo de Mimi

原作 /[日] 青山刚昌　监修 /[日] Galileo工房　绘 /[日] 金井正幸　译 / 灿烛童书

出版人 / 商　亮　项目策划 / 华　汉　策划 / 鸾遠文化　执行策划 / 灿烛童书

责任编辑 / 顾吉霞　魏　鑫　特约编辑 / 李璐璐　美术编辑 / 赵　青　陈　迪

出版发行 / 黑龙江少年儿童出版社

出版社址 / 哈尔滨市南岗区宣庆小区8号楼　电话 / 0451-82314647

印装 / 北京华联印刷有限公司（010-87110882）

版次 / 2019年2月第1版　印次 / 2020年4月第2次印刷

开本 / 787mm×1092mm 1/32　印张 / 4　字数 / 60千字　印数 / 10001~15000

发行部电话 / 010-61760064　读者信息反馈 / info@idiaoyuan.com

ISBN / 978-7-5319-6083-6　定价 / 16.00元　灿烛童书检索 / 0018006004

staff

■原作／青山刚昌
■监修／ Galileo工房
■漫画／金井正幸
■构成／原口Rumi（Galileo工房）
田端广英
■插图／加藤贵夫
■DTP ／株式会社昭和ブライト
■设计／竹岁明弘（STUDIO BEAT）
出浦文绘
■编辑协助／新村德之（DAN）
■编辑／藤田健彦

灿烛童书馆™